放手交辦的主管真高竿！！

戒除自己來比快的壞習慣
對上對下不傷人也不內傷
笑著當好主管

マネージャーの問題地図

澤渡海音——著　游心薇・譯
白井匠・繪

方舟文化

免責聲明

本書內容僅供參考。請讀者務必自行判斷後運用本書資訊。關於讀者的運用結果，出版社和作者皆不承擔任何責任。

請理解上述注意事項之後，再閱讀本書。若沒有詳閱注意事項而與我方聯繫，出版社和作者皆不予回應。請務必注意。

本書中刊載的產品名稱皆為相關公司的商標或是註冊商標。此外，於本書中省略 TM、® 等標記。

前言

「不准讓下屬加班」、「我要看到業績」、「提升下屬工作的動力」到底該怎麼做才好!?

現在的主管（管理職）很難當。有各式各樣的管理問題要處理，包括優化工作方式、提高生產力、提升員工滿意度，既要找人才也要留住人才，各種任務接踵而來。

「業績要比去年好。」

「提高產能。」、「說話技巧也需要加強。」

「主管的責任就是要凝聚團隊的向心力和建立積極向上的態度。」

「但是可別增加預算。」、「人手也無法增加。」

「不准讓下面的人加班。」

有的沒有的問題全都丟在經理、副理或是團隊領導人（以下統稱「主管」）的身上。沒辦法，主管只好連屬下的工作一起扛，每天不是加班到深夜，就是把工作帶回家，然後假日還得上班。這樣的日子持續下來，換屬下在背後竊竊私語：

「天哪～主管這工作真不是人幹的，我才不要當哩……」

這樣持續下去，任何人都不會幸福快樂。

- **主管本身疲憊不堪**
- **年輕員工無法進步**
- **主管自己也原地踏步**

結果

- **年輕員工都不想當主管**

怎麼會演變成這麼悲慘的局面？我們必須先來解讀「管理」這個詞彙的意義。

「管理」有三種含義

「管理」一詞包含多種意思，用英文來思考可能比較快。「管理」在英文中可以解釋成以下三種意思：

- **Management**（**籌畫安排**）
- **Control**（**控制**）
- **Administration**（**行政**）

但是在日本卻要求「管理職」或「主管職」一人要當三人用，同時勝任上述三種職務，因此導致主管應付不來。這三種職務要求的條件不同，所需要的技能和心態當然也不一樣。一個人無法勝任的話，只要將職務分擔出來即可。

況且，一直以來日本企業在管理上有兩大弱點。

•墨守成規。以往在組織文化中表現出色的「超級員工」、「王牌」人才，往往會被直接晉升為管理職。

•（因此造成）主管只會套用自己過去的成功模式，或是靠個人的技能和意志力來完成管理工作。

這樣下來，組織經營管理變得毫無計畫、短視近利也是理所當然。說白一點，主管的職務內容、任務、條件始終沒有明確定位，也不會隨著時代變遷更新進化。這正是日本大多數組織的現狀。

今後的主管都必須知道的五種管理方法

所謂的主管，本來應該做些什麼呢？本書特別列出對今後的主管極為重要，也是日本公司特別需要加強的五種管理方法。

☑「管理」一詞在英文中有三種含義

A **溝通管理**（Communication Management）

⬇主管和屬下、同事之間、公司內外工作上必要的溝通，必須明確定義溝通的目的，好好設計與安排後再進行。

B **資源管理**（Resource Mananagement）

⬇決定並調配必要的人力、設備、資金、資訊、技術與功能。

C **運營管理**（Operation Management）

⬇有效率地處理日常業務／緊急狀況時可以迅速解決的標準流程與完整的工作程序。

D **職涯管理**（Career Management）

⬇為促進組織發展和個人成長的必要條件（技能、經驗等）或是參考範例。並提供成員適當的機會（學習、實戰經驗等）。

E **品牌管理**（Brand Management）

⬇提升組織和工作的價值。這樣才能向外招募更優秀的人才。

☑ 管理職的職務內容、任務、條件始終沒有明確定位，也跟不上時代的變遷

主管必須學會的九種行為

上述五種管理方法可透過九種行為來達成。

①繪製願景 ADE

⬇為了讓成員清楚知道前進的方向，請說明「你的組織（公司／部門／單位／團隊）的目標方向是什麼？最重視的是什麼？」

可以敘述長遠一點的未來，例如「這個組織可以完成什麼樣的工作？需要學習什麼樣的技能？」

並加以描述這個組織想達到的「理想」境界。

實現「理想」的人（模範、楷模）要給予肯定／客觀的評價。

②發現問題／設定任務 ACD

⬇找出組織的問題，訂為大家必須解決的任務。

為了帶動團隊發展和個人成長，設定挑戰的主題。

針對團隊共同的問題、任務，追求共同的藍圖。

③培育人才 BDE

⬇為了達成組織的任務／提升自我價值，必須了解需要什麼樣的技能。整理出成員各自擁有的專長／需要學習成長的部分。計畫、執行、管理OJT（在職訓練，全稱為on job traing）／OFF-JT（職外訓練，全稱為off job training）。投資未來（以達成個人和組織的成長）。

④做出決策 ABE

⬇迅速並正確地做出決定。自己下決策，或是將決定權交給屬下，鼓勵他們做決定或是判斷優先順序。

⑤分享／提供資訊 AE

➡迅速將組織的願景、任務、方向、決策等重要資訊分享出來。工作狀況與進度也需要共享。公司內外資訊都要讓成員知道。組織的「理想」、方向、解決對策或成果，都可以主動提供讓公司內外知道。

⑥激勵員工／營造風氣 ADE

➡激發成員的動力。提供挑戰的機會和理由，幫助成員解決問題或是提升組織價值。

⑦協調調整／調度安排 BC

➡為了達成組織的任務，必須清楚需要哪些資源和多少預算，從公司內外調度安排。藉由成員之間互相合作或是借用外部力量來完成任務。

⑧提高生產力 ABC

➡提供人人都可以達到最高產能的工作環境。

即使是無法立即看到成果、或短時間內很難做出結果的工作，也要給予肯定。

⑨訂立工作流程 AC

➡為了讓成員可以穩定做出成果，工作程序必須完備或是重新調整。

「欸，這些不會全都得我來做吧？越想越誇張、好想昏倒。」

不用擔心！沒有人說全都要由你一個人來做。主管不需要什麼都自己來。恕我直言。各位主管，別再一個人抱頭煩惱了。你又不是老闆，公司也不是你一個人的，你是統整團隊的人，所以只要管理好團隊即可。整個團隊一起解決問題吧。

認清三種現實，讓你揮別管理不善

那麼，要怎麼做才能管理好團隊？請先認清下列三種現實。

☑ 今後的主管必須學會的五種管理方法和九種行為

九種行為	五種管理方法				
	Ⓐ 溝通管理	Ⓑ 資源管理	Ⓒ 運營管理	Ⓓ 職涯管理	Ⓔ 品牌管理
① 繪製願景	○			○	○
② 發現問題 設定任務	○		○	○	
③ 培育		○		○	○
④ 做出決策	○	○			○
⑤ 分享 提供資訊	○				○
⑥ 激發熱忱 營造風氣	○			○	○
⑦ 調整・調配		○	○		
⑧ 提升生產力	○	○	○		
⑨ 自訂流程	○		○		

不需要什麼都自己來！
靠團隊、外部力量
來解決就好！

①選手兼教練「是無法避免的現實」

「你要負責管理，但同時身為成員的你也必須做出成績。」

這種狀況就是所謂的選手兼教練（Playing Manager）。主管若能專事管理工作當然最為理想，但現實是公司人事凍結，預算又有限。

在現今少子高齡化、人手不足的時代，選手兼教練的作法是無法避免的現象。有很多組織想要改善這個狀況，但現實上並沒有辦法實現。「無法做到必要的管理」便是問題癥結所在，導致「重要度高×緊急度低的工作」（如改善、研究、學習等）永遠都沒時間去處理。因此生產力和動力始終無法提升。

如何才能邊做業績邊指導下屬？

如何才能邊做業績邊刷出主管的「存在感」？

如何才能身為主管以身作則？

這些是必須思考並改善的問題點。

②請捨棄「主管什麼都要會」的觀念

這種觀念會逼死主管，有時會害他們能力失調（有人甚至會身心衰弱）。然後，越來越多年輕員工不想做主管了。

不需要什麼都自己來。交給屬下或是派遣員工即可。簡單來說，就是靠資源管理就可以解決問題。

管理上所需的技能無時無刻都在進化。要跟上最新技術或流行的趨勢，年紀大的主管再怎麼努力，也比不上年輕人的敏捷度。這樣的話，不如交給年輕人比較有效率，還可以藉此培育人才。團隊成員之間也會互相尊重。

③切忌凡事親力親為

把管理的一部分工作外包出去也不無可能。

「既然我們自己做不到，就交給外部的專家吧。」

這是一個非常正當的舉措。容我重述一次，公司派給主管的職務年年增加，而且工作要求的標準越來越高，凡事親力親為的話，馬上就會淪為血汗職場。而問題在於，主管應當執行的管理工作始終擱置，這是非常糟糕的狀況。與其持續置之不理，不如借用外力來改善狀況。「借用外力」的處置也可以讓年輕員工感到安心。

「欸，原來我不用勉強自己做不擅長的工作。」

「原來可以利用公司的經費啊。」

關於①②③三點，要說我「強辯」也沒關係。但是不這樣畫分，只想仰賴主管來解決管理不善的問題，職場永遠都不會改進。

再次重申，主管不需要凡事親力親為。主管也無須獨自煩惱，只要確實掌握組織的大方向，整理出需要改進的部分，再由團隊齊心協力解決，或是借用外力來完成即可。

這本書希望能讓每天焦頭爛額、憔悴疲累的主管，從明天開始就能帶領團隊笑著成長。讓我們期許公司持續成長進步，一起翻開下一頁吧！

CONTENTS

前言

第一站　一知半解症候群

第二站 主管什麼都自己做

第三站 溝通不良的職場

第四站 無法激勵員工，無法培育人才

第五站 削減主義

第六站 幹勁、耐力、短視近利主義

第七站 不願挑戰的職場文化

結語

夾心餅乾主管的問題地圖

BUS

第一站

一知半解症候群

溝通管理　品牌管理

目的地

對上對下不傷人也不內傷，笑著當好主管

組織最大的敵人是「一知半解的員工」

「公司老把『革新』、『挑戰』掛在嘴邊，但我根本不知道具體該怎麼做？」

「主管要我整理資料，但是不知道倒底是要做給誰看？為了什麼而做？是要我從何做起呀……」

「這份工作既然都交給我了，可以不要干涉我的作法嗎？」

「副理把工作丟給我之後人就不知道去哪了。我想趕快跟他報告完準備下班，不知道他今天會回公司嗎？」

「天哪，竟然是英文郵件！我們團隊中好像有英文很強的人……算了還是自己來吧。」

聽到沒？聽到屬下內心的糾結和悶悶不樂了吧！

請看28頁的插圖，告訴你職場員工如果只是「一知半解」，不僅會降低組織生產力，同時也會削弱員工的戰鬥力。

- **看不到願景和理念**
- **看不到目的**
- **無法判斷優先順序**
- **不知道自己能發揮何種作用**
- **不知道該如何和主管應對**
- **權責不清**
- **無法安排預定計畫**（工作的行程／主管的行程）
- （完成這個工作之後）**自己也無法進步**
- **不知道其他成員的專長**
- **不知道自己可以發揮哪方面的技能**

如何？你的職場是否也充斥著「因一知半解而悶悶不樂」的情緒？

「一知半解」只會導致各種工作的情況惡化。

☑「一知半解」會降低組織的生產力並削弱團隊的戰鬥力

- 無謂的猜測
- 無效的事前準備
- 被迫砍掉重練
- 準備不足
- 供應過剩
- 努力方向錯誤
- 等待指示
- 被壓迫感
- 無法下班
- 無法休息
- 無法學習

如果這些字眼讓你頭皮發麻的話就得特別注意了，可能是職場大魔王「一知半解」在作怪。若是放任不管的話，組織的生產力和向上的動力永遠都無法提升了。所以不斬妖除魔不行！我們馬上打開地圖來瞧瞧吧。

管理的第一步是「了解目的」！

管理組織的第一步是——將看不到的東西可視化。尤其是不明確的工作目的會讓團隊成員迷失方向，進而形成工作上的致命傷。造成這種現象的原因為何？讓我們再繼續深入思考。

①沒有告知工作的目標
②沒有（或不知道）願景或是理念
③把工作都丟給屬下
④朝令夕改
⑤沒有即時更新資訊

①沒有傳達工作的目標

這份工作是為誰而做？

要怎麼運用某人的能力？

最終目標是什麼？

不是所有的工作都像書面資料或是製品，是看得見的實體，也會有類似開會或是辦活動這類無形的情境，所以若沒有傳達目標的話，對方會不知道怎麼進行？也不知道需要哪些資源（人力、設備、資金、資訊）？更不知道該找誰商量？又或者你其實是希望對方一切從零開始思考。

②沒有（或不知道）願景或是理念

「什麼？不用知道願景這種東西，工作還是可以完成啊。」

「理念？我從沒在意過這種事，還不是沒問題。」

這麼說也沒錯，如果你只是要應付眼前的工作，這方法也許行得通。如果只需應付眼前工作的話……

「看不到目的」會使員工對你不信任

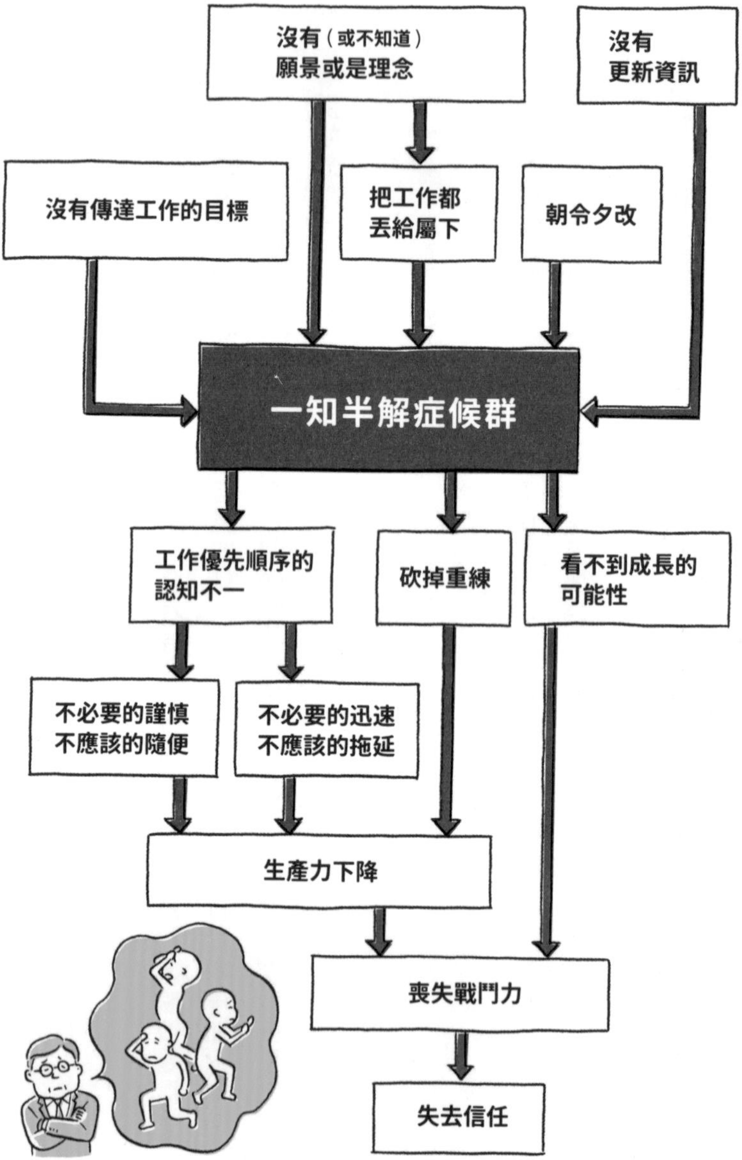

③把工作都丟給屬下

上面交代下來的工作直接丟給屬下。你心想，反正對方一定會有辦法解決。然後等到屬下完成後，效果還不錯的話就直接提交給上司，不滿意的話就退回去。這就是主管的工作。

等一下！在你看不到的地方，你的屬下可能被你搞得狼狽不堪，像背後靈一樣瞪著你也不一定。「賦權」和「丟給屬下做」是不一樣的，請務必注意。

④朝令夕改

說話變來變去。

你的方針從來不一致。

這樣會讓屬下找不著目的，或者讓他覺得「反正你還會再變」，所以你的話只聽進去一半，結果造成工作的著手時機與速度都嚴重落後。

⑤沒有即時更新資訊

儘管第四項這麼說，但是偶爾還是會有不得不改變的時候。

- **方針改變了**
- **經營方式或客戶指示不一樣了**
- **環境有所變化**

實際上都有因為其他因素而不得不改變的時候吧。但是，主管卻沒有把最新資訊即時更新給屬下知道。唉！真是太遺憾了。

這如同賭注般的工作方式不斷重複。教練不但不給選手任何指示，連賽前會議或作戰指示也沒有，選手突然就被推上場比賽。嗯……請問這場比賽該怎麼迎戰才好？根本毫無勝算可言。

不安會產生不滿，造成不信任

人在沒有掌握資訊時會感到不安，不安會產生不滿。而很快的，不滿就會造成不信任。在工作目的模糊不清的團隊中，是什麼樣的過程造成成員彼此間的不信任呢？

①工作優先順序的認知不同

這屬於初期症狀。主管和屬下，或是成員之間，對於工作優先順序的認知不同調。

- **主管認為很重要的工作，屬下以為只是工作上的突發狀況，應付一下就好。**
- **製作資料草案時只需要手寫、大致草擬一下就好，屬下卻費時又費力做成精美的 PowerPoint 簡報。**
- **明明就是明天再完成就好的工作，卻努力加班到很晚想在今天之內完成。**
- **主管想藉由某個任務讓屬下挑戰新技術。但是屬下卻沿襲一直以來習慣的方式，快速地解決。**

②砍掉重練

無法掌握目的或是認知有出入的時候，往往會造成必須重新修正的狀況。

「咦、這份資料是要給外部看的嗎？我用公司內部術語寫的耶。」

「什麼!?這不是一次性的工作，以後還會發生嗎？（早知道就同時完成工作流程了）。」

「欸，這份資料也要給社長確認嗎？」

「早知道這份資料手冊印黑白就好的話，我在製作時就會設定成印刷時不會糊掉的顏色了……」

好，砍掉重練！加班吧！

③生產力下降

當部屬不斷會錯意、做白工，生產力自然無法提升。

④看不到成長的可能性

在目標不明的環境中，不單只是影響眼前的工作效率，也會阻礙屬下的成長。每次都將工作切割再細分，全都交給屬下分頭來做，主管既不交代目的也不告知事情全貌，只要屬下完成各自負責的部分就好。

「公司到底希望我做什麼？」

「我該以什麼樣的心態來面對這個工作？」

「完成這個工作我能學到什麼？」

說得誇張一點，屬下根本看不到未來，也難怪他們會越來越消極了。

⑤喪失戰鬥力

不知道工作目的、也沒有足夠的資訊。屬下會覺得「自己不被信賴」、「自己不受到重視」。這種「總是在做白工」的感受，在任何職場都不會受歡迎的。工作毫無成就感，自己也無法進步，剩下的只有被迫接受的感覺等，任誰都會這麼想。

你覺得如何呢？即使你打算好好培養這個團隊，但是過於放手的話，反而會失去屬下的信任。那麼，該從哪裡開始改變呢!?

追求共識之前，先追求「共同的藍圖」

「追求共識之前，請先追求共同的藍圖。」

最近在以主管為對象的演講或研討會上，這是我一定會傳達的訊息。「共識」說起來簡單，但具體該怎麼做才能達到共識？光這個問題就讓人束手無策了。由於每個人關注的重點都不一樣，各自都只看到自己在意的重點，而無法顧全大局。因此，主管和屬下、成員之間，不如先追求共同的藍圖比較容易，例如：「你看到的是什麼樣的結果？」、「哪裡意見開始分歧？」、「有沒有忽略什麼？」……

那麼，實際上該怎麼做呢？

☑ 工作五大要素

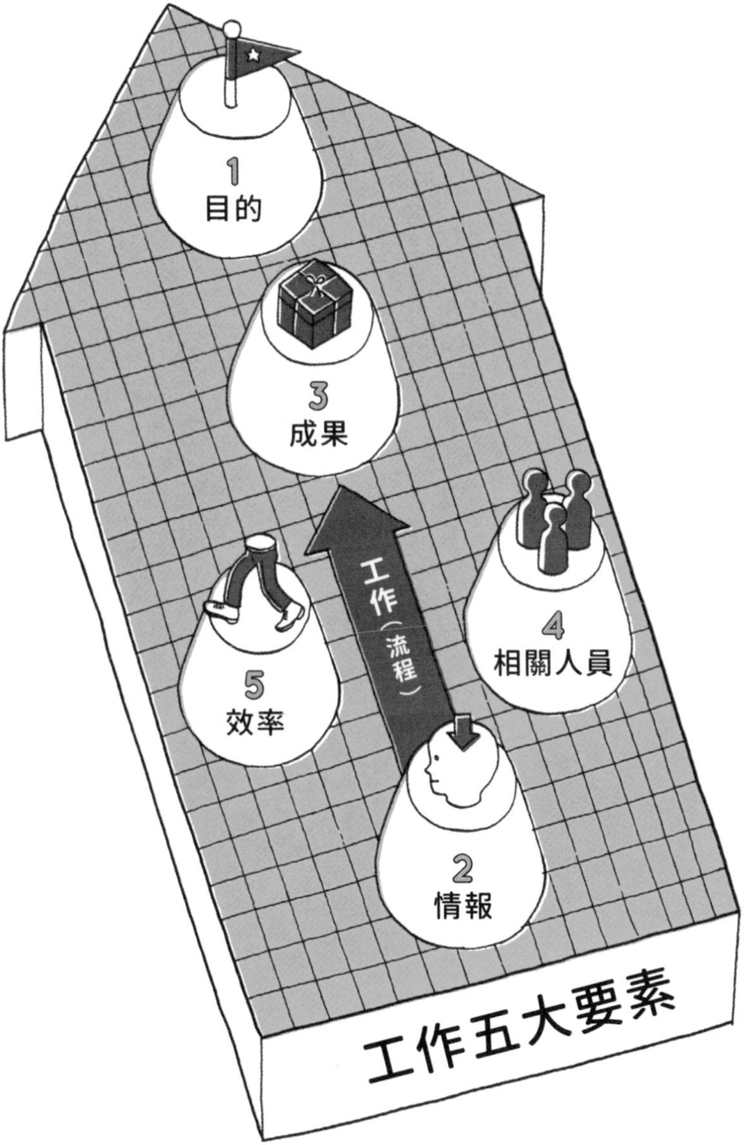

首先，當你要交代屬下新工作時（或是想確認進行中的工作時），試著用以下五種要素來分析，藉此可以看出你和屬下彼此腦海中所浮現的藍圖。39頁的圖，在本書同系列作品《職場問題地圖》（職場の問題地図）、《職場問題歌牌》（職場の問題かるた）中也出現過。因為很重要，所以讓它不斷登場。

①目的

這份工作的目的是什麼？為誰而做？

②情報

為了讓這份工作順利進行、獲得成果，需要什麼資訊、素材、工具和技能？

③成果

最終成果是什麼？交期是何時？要提交的對象是誰？

④相關人員

與這份工作有關的人，以及輔助單位或人員是誰？資訊可以從誰（哪裡）取得？是為誰而完成的成果？

⑤效率

工作的速度要怎麼安排？產能、成本、人員、成品的良率（及不良率）等分別為何？

上述這些內容可以寫在白板上，效果會更好。若只有口頭傳達就無法「同時」綜觀「整體全貌」。

交代工作或是檢討工作之時，一定要把上述五點都記錄下來。透過白紙黑字的視覺傳達，就絕對不會忘記。邊寫可以邊整理彼此看到的重點、遺漏的重點，互相了解就可以擁有共同的藍圖。

話雖這麼說，但偶爾也會有無法掌握工作目標的時候。上面交辦全新工作，或是把整個工作都丟給你時，一樣也把上述內容都寫出來，和屬下一起討論這份工作的目的。團隊上下「共同煩惱、集思廣益」的瞬間，你和屬下之間會從主管／下屬變成夥伴關係。除了能提高屬下的視野之外，主管和屬下也能產生「我們是一體」的感覺。

主管習慣將這五種要素寫出來的話，自然而然你的屬下也會意識到這些要素的重要性（組織文化就是這樣醞釀成形的）。當你交付工作給部屬，或想委託某成員來幫忙時，也用這五種要素來說明。這就是透過日常工作來培育你的屬下。

另外，對象不僅限於你的屬下，你的上司也好、其他部門的人也行，甚至客戶也一樣適用此法。積極和對方討論出共同的藍圖，就可以防止做白工的情況發生，也可以建立你和對方的信賴關係。

理解公司的願景和經營理念

你知道公司的願景、使命（mission）或經營方針嗎？你知道部門採行哪些政策嗎？

若你的工作只是按表操課的單純事務性工作，或許沒必要去在意公司的願景或理念。

但倘若你從事的是類似研發新服務等這種需要想像力的工作，結果就不一樣了。

‧我們的目標消費族群是誰？

【例】該採取B2C（企業對顧客）還是B2B（企業對企業）的行銷模式呢？

‧我們的訴求是什麼？

【例】追求的是價格還是品質，又或是追求快速服務？

・該如何宣傳？

【例】該注重平面媒體、電子媒體，還是網友評價？

等等諸如此類的問題，若不知道公司的願景或是部門的的政策，你就會迷失方向。為什麼大家會不清楚願景或理念？主要是受到最近流行（？）的勞動制度改革所影響。似乎是想減少職場上「不合理」又「沒必要」的工作內容。但究竟「沒必要」的工作是什麼？需要提高效率的工作又是什麼？很多人在這裡就回答不出來了。這樣並不奇怪，因為你無法判斷對公司、部門，甚至是對你自己而言「什麼是重要的？」相反的「什麼又是不重要的？」（隨產業內容、職務不同，價值標準也會改變）。

願景和理念是組織判斷的基準、也是價值的標準。而主管得首先了解之後，以自己的方式向成員說明。

員工應該清楚知道團隊的願景和理念

「公司或部門的願景？說得也太好聽了，一點都不切實際（沒有真實感）。」

「就算知道公司的理念，在我們部門也派不上用場。」

「我們公司根本沒有願景也沒有理念。」

那麼，請討論出你們團隊的願景和理念（當然，主導者是身為主管的你），因為實際在職場上工作的最小單位就是團隊。

- **這個團隊重視的是什麼？**
- **應該抱持什麼樣的工作態度？**
- **半年後、一年後、三年後，你希望組織會有什麼改變？**
- **你希望周遭（如公司經營高層、相關部門、顧客等）會怎麼看待你的團隊？**
- **在這個團隊中能獲得什麼樣的經驗，能學習到什麼知識或是技術？**
- **能培育出什麼樣的人才呢？**

有了上述問題，你的屬下就可以思考：

- **應以什麼為努力的目標？**
- **日常工作中該優先處理的部分是什麼？**
- **可以刪減哪些沒必要的工作，應在什麼地方投注心力？**
- **針對何種內容該怎麼付出努力？**

這麼一來，他們就可以自行判斷工作的優先順序。若光是出一張嘴來命令屬下要考慮工作的優先順序，恐怕他們永遠都無法做出判斷。屬下需要的是你的指示。

抑或是，我曾看過有些主管會問新人：「你對自己的未來有什麼期許？」換來新人一臉困惑。這也難怪，因為他們腦中有以下疑問：

- **這個團隊負責什麼樣的工作、有什麼樣的機會？**
- **我該做些什麼？**
- **我需要具備什麼樣的知識和技術？**

• 對於「人才」有什麼樣的期許？

新人在什麼都不知道的狀態下，被主管問到：「你對自己的未來有什麼期許？」他們當然無法想像。讓成員知道團隊的願景和理念——這是負責培育屬下的主管，也就是你的工作。

安排正式場合來傳達公司願景

你的屬下知道公司、部門，或者是團隊的願景和理念嗎？想必貴公司只有在每年年初開春時，單方面的口頭宣導而已吧？

不論願景多偉大、理念多完美，單方面的訊息傳達並無法深入人心。可以的話最好半年一次，一年一次也無妨，請務必安排正式的場合來說明，大夥一起討論公司的願景和理念，並交換意見。

- **試想若將公司或部門的願景套用自己的團隊時，該採取什麼樣的行動？**
- **團隊的理念若是運用在個人負責的職務上，日常工作的判斷或操作該如何改變？**
- **現在的願景和理念有什麼地方需要補充，或是有哪裡是你不認同的部分？**

包括你在內的所有成員，在工作上有很多機會需要靈活運用願景或理念，並進而具體實現。

外部會議（off-site meeting）是很好的時機。據我所知很多企業會在公司以外的地點租借會議室、研習中心、度假中心、戶外場地等來舉辦說明會。有的公司還不只讓正職員工參加，連派遣員工、外包人員或業者也可以一同參與。

我從二〇一四年以來一直以顧問的身分參與企畫某公司公關部門的活動。每年年初，管理職一定會召集正式員工，還有像我這樣的外聘員工，一同說明公司中長期的經營方針、願景，以及團隊的目標方向。秋季時還會透過合宿方式舉行外部會議，讓成員報告半年來的工作內容，並針對下個年度所採取的措施、制訂的方案，各自提出想法。只要大家都能精準掌握團隊的方向，就算是外聘員工，不管在日常工作或提案時，就不會發生認知不同的狀況，工作起來會更順手。此外，將公司的資訊，毫不藏私地與外部的合作人員（如派遣員工、外聘員工等）分享，他們也會產生歸屬感，不分內外更加團結一致。

運用電子訊息來傳達願景和理念

歐美企業領導人經常發電子訊息給員工，每月或每週一次，透過公司內部報刊、內網，或是發送電子郵件的方式，來傳達公司的願景、理念等相關訊息。不只大老闆，各部門、單位主管也可以發電子訊息給所屬成員，這種情形相當常見。我過去在多家公司服務過，曾碰過來自法國或英國的部門經理，他們就經常發電子訊息給下屬，而訊息中包含四個重點。

- **部門的願景或理念，重要的事項**
- **部門最終目標目前的進度（達成率）**
- **每個專案的進度**
- **表揚實際付諸行動達成願景和理念的員工**

主管不能一味灌輸願景或理念而已，而是必須對部門、業務單位詳細說明，讓成員可以融會貫通。此外，請務必讚揚遵循指示的成員。這個任務只有身處第一線的主管才做得到，同時也可以建立起公司的品牌形象。

此外，主管公開了各專案的進度告知，團隊成員就不容易覺得某專案「只有一小部分的人參與，不知道他們都在忙些什麼」。反而會對於進展不順利或是困難度較高的專案有以下的想法：

「那組的人真是辛苦呢！」

「這個主題我在前公司做過，應該可以幫上忙。」

這麼一來，下屬提交給主管的進度報告，應該也能從中受益良多。

交付工作時一定要給足資訊並即時更新

人是一種沒有獲得資訊就覺得自己被排擠的生物，這時只會產生「壓迫感」、「被利用的感覺」，甚至還會覺得「自己不被尊重」或「這個組織不需要我」。當方針改變、先決條件不一樣了、優先順序有所變動，請盡可能用最快的速度傳達最新消息給相關人士。「即時」是基本鐵則！

欸！我自己忙到都沒時間坐在位置上了，還要我即時更新資訊根本就不可能呀!?如果是這樣的話，何不試著藉助電子郵件或通訊軟體呢？還能趁此機會導入類似slack的通訊軟體作為團隊的溝通平台。分享資訊真的很簡單又迅速。如果你不確定怎麼使用，可以詢問年輕員工。這也是溝通的一種方式。

工作進行的同時，也要積極取得相關資訊（新聞、趨勢、技術情報、相關組織的人事消息等）並分享出去。「提供情報」也是主管的職責之一。

「屬下不夠積極。」
「團隊中彌漫著心不甘情不願的情緒。」
「生產力無法提升。」

這些問題有可能出自員工的「一知半解」，而造成「一知半解」的始作俑者，說不定就是你本人！

☑ 看不到(不知道)工作目的

主管看到的藍圖，屬下看到的藍圖

「主管看到的藍圖，和屬下看到的藍圖不同。」沒有發現這個問題的主管，他認為對屬下有幫助的行為，可能反而會降低團隊的生產力或動力——類似這樣的情形在職場上屢見不鮮。

以下是發生在日本國內某知名製造商的真實事件。該公司旗下某事業所的總務課最大的問題是加班時間過長。為此總公司重新檢視大家的工作方式之後，才發現問題在於總務課長傳達資訊給屬下的方式。課長A在交付工作給屬下時，只會告知當事人最精簡的資訊。因為課長A認為這樣對屬下比較好。但是，這正是造成工作沒效率的元凶。其實，屬下B、C、D、E的工作都有關連，但是A並不知道。所以當A交代工作給B的同時，如果也能告知C、D、E同樣資訊的話，大家就可以同時進行工作了。

「為什麼不跟我說這個資訊呢……」

（這工作明明和我有關，一開始就告訴我的話，就不用浪費時間白白加班了。）

結果屬下們都懷抱著不滿的情緒，偶爾也會趁課長不在的時候，私底下偷偷交換情報。

「我一直以為這樣做是為大家好，所以自己判斷出必要的資訊，並提供給我認為必要的人。我以為這才是主管的工作。沒想到卻造成反效果（苦笑）。」

在那之後，A就一視同仁地與所有課員共享資訊。因此，屬下之間的合作變得更順利，加班現象也明顯改善了。

你是否也該重新檢討，自家團隊裡分享資訊的方法呢？

夾心餅乾主管的問題地圖

BUS

第二站

主管什麼都自己做

溝通管理

資源管理

目的地

對上對下不傷人也不內傷，笑著當好主管

下列對話中有兩名主管登場。
你是否也碰過類似的情況呢？

【一號主管】

——我們部門總算有新人進來了。聽人資說是相當優秀的人才，真是太期待他的表現了。真想立刻見到本人。

課長：「有空嗎？想請你做個報告。如此如此、這般這般……」
新人：「好的！我會努力！」

~兩小時後~

課長：「還沒好嗎？這種程度的報告，不是兩三下就能解決了嗎？我來做的話，一小時就可以做好……」
新人：「對不起。我花了不少時間在找資料……」
課長：「唉，算了算了。我來做就好，把檔案寄給我吧！」
新人：「……啊，我知道了（我這兩小時到底是為誰辛苦為誰忙啊）。」

【二號主管】

——呼！總算開完主管會議回座位了。唉，桌上還有一堆文件等我批准。下一個會議的議題不先準備不行，上個月的預算實績報告也得趕快交給經理了。部門的新專案啓動會議的場地也還沒訂。對了，傍晚還有個新進員工要來第一次面試。這下真是糟了……

A屬下：「副理不好意思，我想跟您討論一下……」

副　理：「抱歉，我現在很忙，等等再說。」

A屬下：「啊……好的。打擾您了……」

B屬下：「副理，您終於回來了！之前討論過的那個企畫案，我有一些想法，想請您給我一些意見……」

副　理：「抱歉現在不方便，全交給你處理就好！」

B屬下：「……」

C屬下：「副理，如果有什麼我幫得上忙的地方，請儘管吩咐……」

副　理：「沒有……啊竟然都這個時間了。我去開會了！」

ABC屬下：「（副理到底是在忙什麼呀……）」

造成主管什麼都自己來的五大原因

這種狀況持續下去，誰都不會幸福。不論是身為主管的你，或你的屬下都沒有進步的話，也會妨礙組織成長。那麼，到底該怎麼做呢？

……提供解方之前，我們先來思考事情為什麼會變成這樣，大致可以分成五點：

①捨不得離開第一線工作

②無法放下自我堅持

③不信任部屬

④工作範圍或權責不夠明確

⑤沒有清楚掌握自己的職責

①捨不得離開第一線工作

選手型主管最常出現這種行為。越是喜歡這份工作，就越想什麼都自己來做。這麼有趣的工作，怎麼可以交給其他人呢！想無時無刻都受到矚目，想一直站在最前線（尤其是資深技術人員、頂尖業務特別有愛出風頭的傾向）。

基本上，這並不是壞事。對自己的工作感到自豪是一大樂事。但是，身為主管還有其他更該做的工作吧？為了將來，你現在必須做什麼？

②無法放下自我堅持

表面上已經把工作交給部屬了。但是，要是對他們的作法稍微看不過去，就會擅自出手干涉，部屬明明沒問你意見也硬要插嘴，你所謂的建議卻變成「指令」。最後的下場就是把屬下的工作搶過來做了。

☑ 主管「什麼都自己來！」所造成的下場

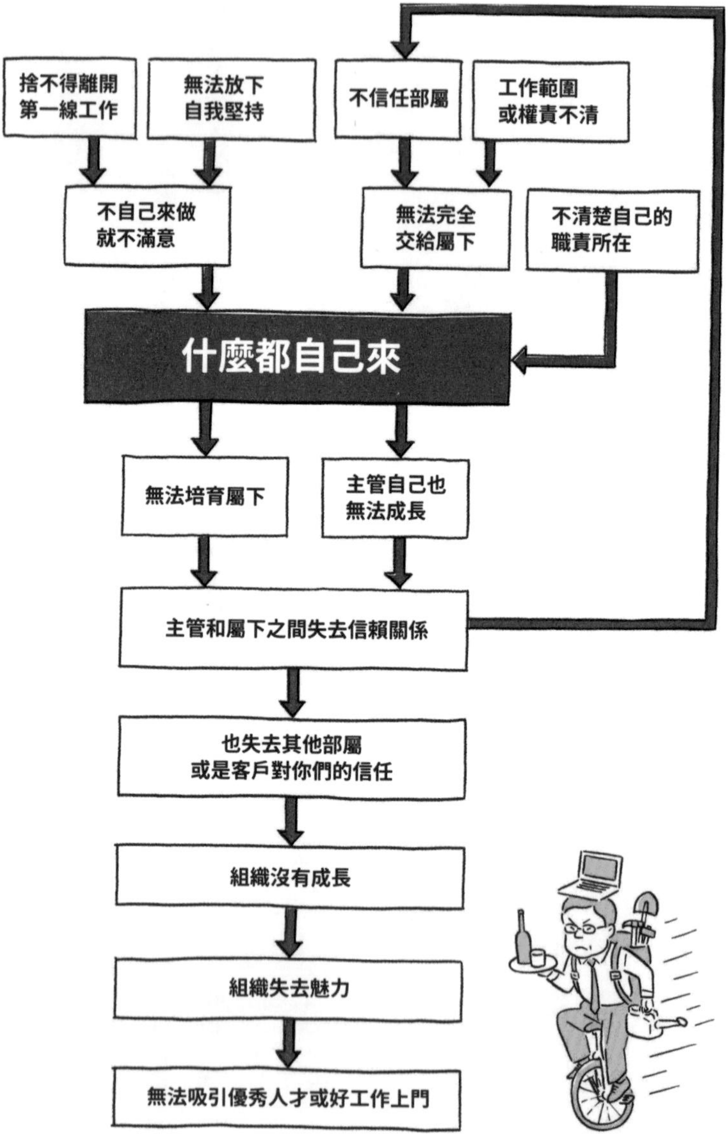
捨不得離開
第一線工作
無法放下
自我堅持
不信任部屬
工作範圍
或權責不清
不自己來做
就不滿意
無法完全
交給屬下
不清楚自己的
職責所在
什麼都自己來
無法培育屬下
主管自己也
無法成長
主管和屬下之間失去信賴關係
也失去其他部屬
或是客戶對你們的信任
組織沒有成長
組織失去魅力
無法吸引優秀人才或好工作上門

③不信任部屬

打從一開始就不信任你的屬下。所以才會不斷抱怨枝微末節的小事。屬下工作的方法、進度、速度或品質，都和你想的不一樣，所以無法接受。屬下不照你的意思做，你就不滿意。結果就自己攬過來做了。

④工作範圍或權責不清

這個問題和第一站有關。屬下該做的工作範圍有哪些，什麼範圍又是主管該做的呢？工作範圍和負責權限不明確。簡單來說就是身為主管的你做太多了。

⑤不清楚自己的職責所在

究竟，身為主管的你現在手上握有多少工作？

身為主管的你，該負責的任務到底是什麼？

這些你自己都沒有掌握清楚，所以也無法說明。因為無法說明，所以只能全部自己來做。又或者是，總是從臨時插件的工作開始處理，或是被點名的會議全都出席。但依屬下看來，根本不知道你在忙什麼、你參加什麼會議、現在人到底在哪裡，你彷彿變成了「在城堡中一個人忙得團團轉、手忙腳亂的王子殿下」。這樣的話，就算屬下想伸出援手也幫不上忙。

有個事必躬親的主管，組織、個人都不會幸福

我敢斷言，經理、副理大小事一手包的職場，不論是組織或個人（包括屬下、身為主管的你、其他部門或客戶）都不會幸福。你可能因為自己的興趣或堅持，甚至是身為第一線員工的使命感，而將工作全都攬在身上，不願將工作交給其他人，同時也要大家都照著你的方法做事。

結果無法培育屬下。
結果主管自己原地踏步。
結果主管和屬下之間無法建立信賴關係。
結果也無法贏得其他部門或客戶的信賴。
結果組織無法成長。
結果組織失去魅力。
結果無法吸引優秀人才或好工作上門。

如此不斷地惡性循環。

不讓屬下從頭到尾完成一個工作，他們就無法進步。再者，凡事都親力親為的主管一樣不會成長，永遠只是職場上的王牌選手而已。而身為主管所肩負的管理大任，則完全無力處理。如此一直持續下去的話，主管和屬下之間的信賴會越來越薄弱。想當然爾，不願交付工作的主管、不信任屬下的主管、希望員工全都按照自己意思來工作的主管，誰會相信這樣的主管呢？或者，看到總是忙翻天的你，屬下會偷偷在背後說：

「我絕對不當主管！」

對於公司外部也會有不好的影響。沒有你的話工作進行不下去，沒有你的話誰都無法做決定。這麼一來，和你一起共事的客戶或跨部門合作的同事當然會感到不安。你在的時候就算了，若是你病倒或是被調去其他部門了，這個工作該如何是好？要承擔的風險太高了。

如此一來，屬下無法進步，主管無法成長，其他部門的人也不太願意幫忙——這樣的組織，沒有任何魅力。沒有魅力的組織，招募不到有熱忱的優秀人才，因此不會有傑出的工作表現。

歡迎成為令人遺憾的組織！

這種情況會一直持續下去，令人看不到美好的未來。迎接你這個主管的，只有和今天一樣忙亂的明天而已。

那麼，我們來為明天點燃希望吧！

首先要盤點主管的工作內容！

總而言之，先來將你身為主管所負責的工作全都盤點一次吧！打在記事本也好、整理成EXCEL表格整理也好，甚至手寫在白板上也沒關係。請試著寫出下面兩點：

①現在手上的工作

②主管本來的任務

第①點可能比較好整理。

- **參加主管會議**（主管的常規工作）
- **屬下的出勤管理和申請簽核**（主管的常規工作）
- **明年度預算案的策畫制訂**（主管的常規工作）
- **處理董事突然的指令**（主管的非常規工作）
- **更新官網上部門介紹的組織圖**（員工的常規工作）
- **整理自己負責的專案資料**（員工的非常規工作）

無論是身為主管的工作、身為員工的工作、常規或非常規工作，包括現在剛好在處理的臨時工作，請將手上的工作全都條列記錄下來。

為了組織的未來，希望你能做到第②點。

身為主管，你的任務是什麼？
提升工作效率、培育屬下、進而帶動組織成長等，這些主管該做的課題呢？
你想做卻一直無法執行的工作，以及你過去從沒想過主管該做的工作——絞盡腦汁全部把它寫出來。
什麼？「你從一開始就想不到主管本來的任務是什麼」。那麼請重看一開始（第14頁）介紹的圖表。方便起見，左頁再提供一次。

☑ 今後主管必須學會的五種管理方法和九種行為

	五種管理方法				
九種行為	Ⓐ 溝通管理	Ⓑ 資源管理	Ⓒ 運營管理	Ⓓ 職涯管理	Ⓔ 品牌管理
① 繪製願景	○			○	○
② 發現問題 設定任務	○		○	○	
③ 培育		○		○	○
④ 做出決策	○	○			○
⑤ 分享 提供資訊	○				○
⑥ 激發熱忱 營造風氣	○			○	○
⑦ 調整・調配		○	○		
⑧ 提升生產力	○	○	○		
⑨ 自訂流程	○		○		

不需要什麼都自己來！
靠團隊、外部力量
來解決就好！

請迅速檢視這張圖表，檢查有什麼工作是你現在沒做到的、你的組織目前缺乏哪些管理方法等，試著一一找出來。你也可以和其他部門或公司的主管互相交流，藉此截長補短，這也是發現自己與自家公司弱點的一種捷徑。

「找出自己沒有做到的工作。」

光做到這一點，你就前進一大步了！

試著將主管的工作交給屬下

盤點完第①點之後，試著自問自答。

「這個工作是身為主管的我該做的嗎？」

「誰可以勝任這個工作？」

「交給誰來做會比較有效率？」

根據方才條列出來的工作，逐一找出處理方式。

處理方式列舉

- **自己做**
- **交給某人做**
- **不做（放棄）**

原本理所當然由主管來做的工作，剛好趁這個機會交給屬下。

「部門月會的司儀工作，其實也不一定要找我這個副理吧。讓佐佐木主任來試試看吧，剛好可以培養他的領導力。」

「明年的年度預算計畫，今年讓副科長來做好了（我到時再負責檢查）。藉由這個機會，可以培養他管理會計的觀念。」

把管理的工作交給屬下，是培育接班人再好不過的機會了。若是主管不將自身的工作慢慢且一點一滴地移交給屬下，他們的眼光永遠無法提升。只以「工作表現非常優秀」為由就將屬下拔擢至管理職，他們擔任主管時會非常辛苦。

此外，將重要的工作交付給部屬，也可以獲得對方的信賴。屬下一定會覺得「我得到主管的信任了」、「主管對我有所期待」。換言之，這樣就能建立起主管和屬下之間的信賴關係（當然，有些人可能會感到壓力，這點需要主管費心從旁輔導了）。

即使只是將你盤點出來的工作內容讓屬下知道，整個局面或許就會不一樣了。

「課長，您的工作原來那麼多呀。」

「原來如此。您會做出這樣的決策是為了今後要加強管理啊。」

如此一來屬下的疑慮都解開了。

「那個工作不該由課長來做，交給我吧」

「那個主題的話，我有認識專業的人哦。」

部屬若能主動這麼說，豈不是太完美了。如此也有助於培養成員獨立工作的能力，以及建立團隊的歸屬感。

在此舉一個很好的例子來說明。我去年訪問一家位於日本福島縣的新創公司，該公司社長把「社長想做的事」列成清單貼在牆上昭告大家。員工（包括兼職員工）若「想嘗試」其中一項，就可以主動獲得挑戰的機會。屬下不但可以發揮自己的興趣和專長，也可以嘗試和平時不同的工作內容。這也是培育人才的好機會。請務必減少主管與員工之間的隔閡，有效提升組織的產能和幹勁。

管理工作也能外包

話雖這麼說，但什麼問題都要公司內部自己解決，就現實面來說並不實際。現在的工作都做不好了，還要去思考主管本來應該做的工作更是難上加難。換個角度來看，「做不到」的原因在於「主管的時間不夠」或是「主管和其他成員都缺乏某項技能」。

所以不要勉強自己去解決問題。主管不是超人，一定有拿手和不拿手的地方（這點只要是人都一樣）。

・因為專業技術受到肯定而升官的A經理，恐怕不擅長溝通管理吧。要求A經理「促進團隊溝通」太過分了吧，簡直是酷刑。

・在業務這條路上闖蕩二十年的B經理，靠的一向是他個人的幹勁、耐力和與生俱來的直覺。你要求B經理改善團隊的工作效率，他很可能做不來。結果最痛苦的就是他本人。

把部分管理工作外包出去怎麼樣？在現今社會，組織的問題越來越複雜，IT運用、全球化、多樣化……全都想靠自己克服，也是有極限的，而且一定會面臨到一些因為公司沒有相關經驗或技術而解決不了的問題。這樣的話，交給專家來處理最好。

我自己也有代為管理某企業的一個部門。這本來是該公司管理職的工作，但因為課長實在無暇或無法處理，因此由我協助管理。工作內容包括找出每個團隊的問題點並建立共識、制訂行動計畫、進度管理、問題管理、職務再分配、小主管（副課長和主任等級）的知識管理、小主管的心靈輔導等等。該部門兩位課長忙不過來以及不擅長的領域都是由我來代勞。

有時候，小主管也會向我傾吐對經理說不出口的真心話。面對上司，有些事實在難以啟齒（這點只要是人都一樣）。

「屬下不願跟我開誠布公。身為主管的我是否失職了……」

有些主管會有這樣的煩惱。不用擔心，屬下本來就是不會對主管說實話的生物。但是至少有其他人可以讓他們吐露心聲，這樣不是很好嗎？像是青春期的女兒不會對父親說內心話，但是會對母親說。這種時候，父親只要從母親那邊得知女兒的想法，從旁協助就好。團隊中的母親角色，就讓「外人」來擔任。這也是讓第三者參與管理工作的好處，而不只是借用專家的技術和知識而已。

此外，能夠積極運用外部資源的主管，也能讓屬下感到安心。

「原來也可以尋求外力支援呀。」

這麼做可以拓展屬下的視野，並增加他們在工作上的可能發展。在今後的時代，任何工作都必須與外界合作。所以應趁早開始習慣運用外部資源的工作方式。

身為主管應該做的工作，「你不做（你不會）」的事都不成問題，會造成「組織無法運作」的事才是問題所在。

交付工作時應注意的五件事

工作一旦交代給屬下後，就讓他全權負責到底，主管在過程中不要干涉，就算心急也請在一旁觀察。這樣可以間接提升屬下的獨立性以及對工作的責任感。不論多想插嘴，都要努力忍耐——這才是主管應該扮演的角色，也是主管該有的氣度。但是，絕對不可以工作交給屬下後就不管！至少一定要做到以下五件事。

①事前決定溝通規則

・屬下需要「報告、連絡、相談」※的時機和規定

【例】每星期五早上十點到十點半必須確認工作進度。

・階段性目標

【例】兩天後的早上將報告初稿給經理確認。

事前務必決定好類似上述的溝通規則，如此一來主管就可以適時給予建議和幫助。

②Teaching和Coaching視狀況分別使用

聽過教導（Teaching）和教練式領導（Coaching），這兩個詞彙嗎？兩者都是培育人才的方法。

教導，顧名思義就是詳細指示工作的進行方式與重點，主體是你自己。相對而言，教練式領導的主體則是對方，並非由你單方面的指導，而是在對方身邊，故意透過提問來引導對方說出自身有何煩惱或疑慮，幫助對方找出癥結所在，並以輔助者的身分在背後推他們一把，讓對方可以自行採取行動或做出決定（簡單來說，你就是「教練」的角色）。

※「報連相」為日本職場特有用語，乃公司對員工的基本要求與行動方針，取自「報告、連絡、相談」的第一個字，亦即「凡事報告、有事連絡、遇事相談」。以下簡稱「報連相」）

兩者各有優缺點，所以最好能視狀況分別使用，舉例如下：

•已有固定程序的常規工作、想先讓部屬累積經驗就算按表操課也沒關係的工作，或是有時效性必須先提出結果的工作。

⬇教導

•重視屬下的自主性，希望他們在不斷摸索、嘗試錯誤（try and error）中學習到工作的流程或重點。

⬇教練式領導

坊間有許多關於「教練式領導」的專門書籍或課程，有興趣的人可以自行搜尋。

③主管扮演的角色要明確

交付給屬下的工作，一開始就要說明清楚你扮演的角色。若是曖昧不明的話，屬下會感到不安，因為不知道該如何和你溝通，以及如何向你求助。

「關於這個案件，我只做最後決定。不過有問題時可以告訴我，我會給你建議。」

「要怎麼做就交由你判斷，你自己思考後再跟我說。不過，經理那邊由我負責說明。」

「我會負責跨部門的溝通。」

「你是這個企畫案的核心。我希望你可以藉由這次機會，累積從頭到尾獨自負責企畫案的經驗。只是，要是對外連絡可能會造成不好的影響，我就會介入。」

只要有這樣的基本規則，屬下就會知道自己的權限範圍，以及公司、主管對自己有何期許，工作起來會比較順手，與主管之間也能建立信賴關係。

④清楚說明可運用的資源

資源等同於人力、設備、資金或資訊。盡可能明確告知部屬可運用的資源範圍（當然，若是想讓他們自行思考後再向你報告的話，刻意不告知也沒關係）。

「沒人說要你一個人負責。」
「要不要找派遣員工一起做？」
「我們有預算，外包出去也可以喔。」

短短一句話，就能讓屬下感到安心。此外也可以訓練他們運用資源管理的能力，同時學到經驗。

⑤發生緊急狀況時，主管必須強行介入

為了讓屬下有獨立作業能力，主管不需要給予細部的指示，重要的是把工作交給屬下之後，自己在一旁默默觀察就好。但是有一點例外，那就是遇到緊急狀況時。

- **攸關人命的危險行為**
- **有機密情報外洩之虞**
- **可能引發大規模系統故障**

面臨上述狀況，就算是強制也必須阻止事情發生。身為主管的你請率先挺身而出領導大家（但是事後一定要說明清楚你介入的原因）。

此外，告知大家「這是緊急狀況」也很重要，不然就會只有你一個人緊張，周遭的人卻完全狀況外。宣布方式不拘，大聲指示或表情凝重都可以。順道一提，飛機上的空服員在遇到緊急狀況時，會壓低音調廣播：「從現在開始，空服人員將變成保安人員。」讓機內氣氛頓時緊張。這樣一來，乘客們就會聽從空服人員的指示了。

不要忘記，主管只是屬下的「代打」

主管不需要親自下場，常規工作交給成員來幫忙就好。不論經理或副理，主管只要貫徹主管的職責就好。只不過，在屬下休息時主管也要能夠接手，所以一定要掌握最起碼的進度。主管必須清楚屬下目前手上的工作內容——這麼一來，屬下也可以安心休假，不用太過勉強自己，也無須做出無效的努力。漸漸地，你會得到屬下的尊敬，整個團隊也會更加團結。「主管只是屬下的代打」這點請謹記在心。

只求自己本身的進步而不栽培部屬，是不稱職的主管

第一步，先寫出主管的工作項目，再來定義何謂主管的工作。總之，請先從這個步驟開始。主管的工作內容始終是黑箱作業的話，你的團隊無法同心協力也不能彼此信賴，因此也無法有效地培養人才。總之，先消除成員心中的疑惑吧！

夾心餅乾主管的問題地圖

BUS

第三站

溝通不良的職場

溝通管理

目的地

對上對下不傷人也不內傷，笑著當好主管

「我們公司內部的溝通有問題。」
「資訊共享是我們目前面臨的課題。」

我在日本全國各大企業、自治團體、公家機關等進行「提高生產力」的專題演講或主持研討會時，幾乎都會聽到這類耳熟能詳的台詞。「溝通」和「資訊共享」是現今日本經營者或主管共同關心的話題，也是必須解決的問題。

溝通不良是萬病之源

的確，正如俗語「感冒是萬病之源」一樣，溝通不良也是所有企業的萬病之源。

生產力下降

看不見目的時，就會手忙腳亂、徒勞無功，最後只得砍掉重練。

沒有得到必要的資訊。
沒有人可以商量，也無法提出改善方案。
有困難時孤立無援。

這樣下去生產力當然無法提升。

無法累積知識

有時候閒聊一下或是分享最近發現的情報，都有可能帶來工作上的靈感、解決眼前的問題，也可以長智慧避免下次再犯同樣的錯誤。但是，我們並沒有這個閒功夫。就算有心想解決問題或分享一些小發現，卻只能悶在心裡，然後過一陣子就忘了。

無法激勵員工，無法培育人才

生產力過低，指的是類似沒必要的作業流程、總是被迫砍掉重練等。完全沒有專業知識的職場，就只是規模大一點的團體罷了。嗯～真是太遺憾了。再怎麼有危機意識或渴望成長的人，若是待在這種職場，熱忱也只會持續降溫而已。因此也無法培育接班人。畢竟這間公司毫無所謂的專業知識！然後，新進員工進來了，而熱忱也持續降溫（第四站會繼續說明）。

無法互助

今天似乎又有同仁遇到困難而獨自陷入苦戰的樣子。但是，我們不知道他在煩惱什麼，也不知道自己能不能幫得上忙。因為，我們根本不知道彼此在做什麼。就算想伸出援手也無能為力。

無法嘗試新挑戰

「試著挑戰新工作！」

雖然老闆這麼說，但我們都不知道彼此的工作內容，也不清楚彼此擅長哪些領域，是要我們挑戰什麼（第七站會詳加說明）。

危機管理不當

溝通不良的職場，違反企業規範的風險相對較高。

「這樣做不是很奇怪嗎？」、「這種作法有點風險。」不會有人發出類似這樣的警報。

就算發生問題，負責人也想自行解決，非得到了最後關頭才會向上報告。

採取只有一個人知道如何處理的工作屬人化，職場就容易發生不法行為。

一旦有重大過失或違反企業規範的行為發生，公司又會增訂新規定，把員工綁得更死，導致職場溝通越來越棘手，形成無止盡的惡性循環！

「溝通」和「資訊共享」是造成主管停止思考的兩大關鍵字

恕我直言，「溝通」和「資訊共享」是造成主管停止思考的兩大關鍵字。大家都認知到有問題，卻只會大喊「溝通很重要！」、「資訊要分享呀！」除此之外什麼都不做。因此，溝通不良的狀況永遠無法改善。結果，「缺乏溝通，沒有分享資訊」的戲碼日復一日反覆上演。

何種體制或方式會造成溝通不良的狀況呢？

以下分成幾個區塊探討。

①對目的一知半解

「一知半解」又來了！職場大魔王一知半解又在這裡作怪了。

- **基本上，對於這個工作的目標或內容，我毫無概念**
- **我不清楚公司、組織的願景和理念**

當上述情況變成常態之後，就會陷入這樣的狀態：

- **我根本不知道該分享些什麼**

「要我們資訊共享，但我又不知道什麼該分享，什麼不用分享。」

☑ 溝通不良的環境

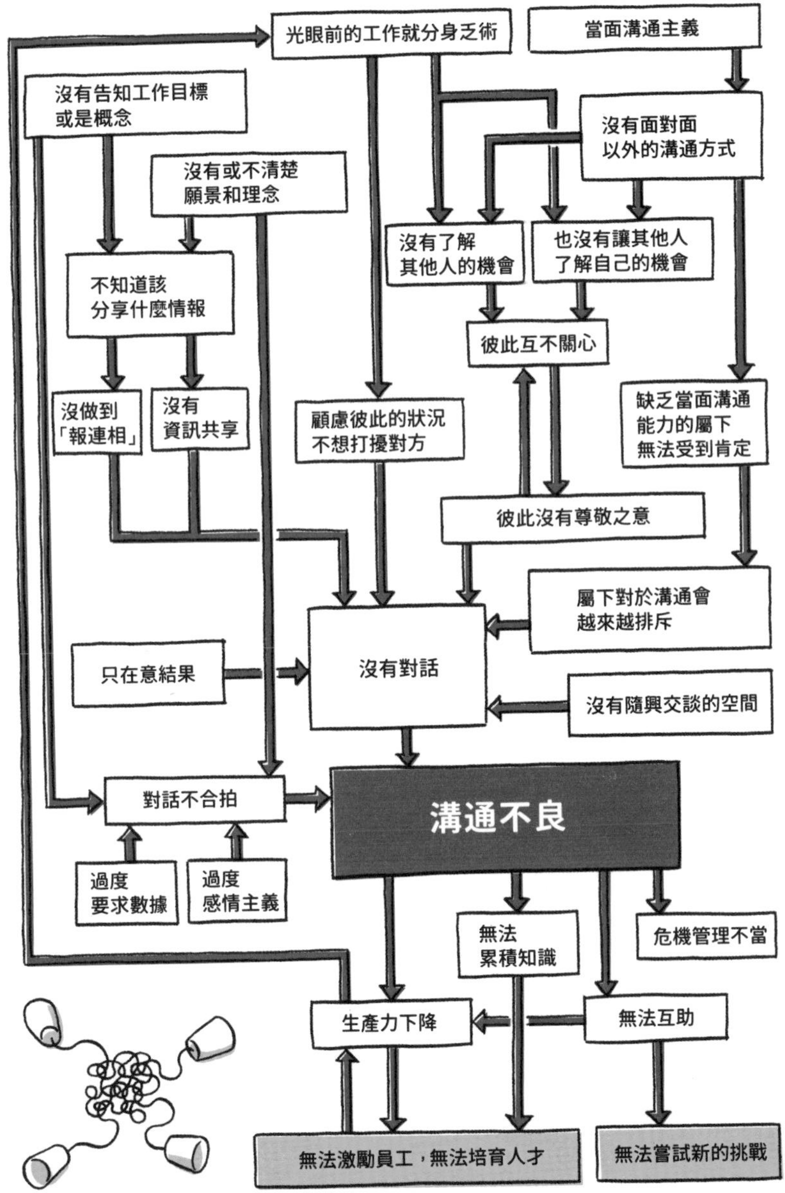
光眼前的工作就分身乏術
當面溝通主義
沒有告知工作目標
或是概念
沒有面對面
以外的溝通方式
沒有或不清楚
願景和理念
沒有了解
其他人的機會
也沒有讓其他人
了解自己的機會
不知道該
分享什麼情報
彼此互不關心
沒做到
「報連相」
沒有
資訊共享
顧慮彼此的狀況
不想打擾對方
缺乏當面溝通
能力的屬下
無法受到肯定
彼此沒有尊敬之意
屬下對於溝通會
越來越排斥
只在意結果
沒有對話
沒有隨興交談的空間
對話不合拍
溝通不良
過度
要求數據
過度
感情主義
無法
累積知識
危機管理不當
生產力下降
無法互助
無法激勵員工，無法培育人才
無法嘗試新的挑戰

「上面的人整天要我們『報連相』！但是我根本就不知道什麼樣的資訊需要『報連相』呀……」

屬下因一知半解而不知所措，無法分享情報也做不到「報連相」。

東京都內某中小企業的老闆也說道：

「大概是從員工人數超過三十人的時候開始吧，員工不知道彼此在做什麼，也不了解組織、甚至每個工作的目的為何，結果越走越偏。所以，老闆、主管必須向員工傳達公司的願景、理念。員工之間也要互相確認工作的目的。倘若沒有這麼做的話，組織就會分崩離析。」

②光眼前的工作就忙到不可開交

從主管、員工甚至派遣員工也是，大家光眼前的工作就手忙腳亂，這時高層還施加「減少加班」的壓力，導致沒有人有餘力去照顧或關心他人。舉例來說，部門經理不是在開會就是去出差，在座位上的機會少之又少，或者應該這麼說，部屬沒有去找他的時機。看部門經理那麼忙，大家更會有所顧慮，不敢隨意去報告或商量問題，更別說是閒聊了！「懂得察言觀色」是日本人自認的優點，凡事都會考慮對方的立場，而不想打擾對方。

然而因為缺乏對話，所以主管和屬下，以及同事之間，都沒有機會去關心他人，當然也失去讓其他人了解自己的機會。

「我學到新知識了！」

「我想試試看這個技術！」

「我報名了證照課程，所以每週四想早點回家！」

「這陣子我家人的身體狀況不太好。」

「這項作業流程，改成這個作法應該會比較簡單吧？」

有許多事想找人分享，希望有人可以聽聽自己的意見，卻只能藏在心中找不到解答。漸漸地淪為這樣的職場：公司上下、同事之間彼此互不關心，也無法互相尊敬！

③當面溝通主義

「有什麼想說的話，就在會議上大方地說出來！」

「寄電子郵件？不用，想和主管商量的話就應該面對面直接說。」

於是當部屬鼓起勇氣在會議上發言，或是好不容易抓到機會、有事想找你商量時，身為主管的你卻這麼說：

「搞不懂你在說什麼。說清楚一點（態度不耐煩）！」

就這樣，不擅長面對面溝通的部屬，對於溝通一事又會更加抗拒，久而久之就變成完全不溝通了。

任誰都一樣
在會議場合發言本來就很難

一種米養百樣人
有人就是不擅長當面溝通

什麼都堅持要當面溝通，過度執著面對面直接說清楚、講明白。當然了，促膝對談能有效提升溝通的品質和彼此的信賴關係。但是，太過堅持當面溝通的話，在現今社會是否適當……

歡迎來到只有暢所欲言的勇者才能有效溝通的職場！

④只在意結果

「所以，你到底想講什麼？」

「結論是？」

有時員工只是想分享一點小發現，又或者只是想和你閒聊增進感情而已，但你只在意結果，一直要人講重點。唉，真是麻煩又難溝通的人哪。沒有人想和麻煩的人溝通，這點任誰都一樣。

⑤過度要求數據／過度感情用事

「所以，預期效益抓多少？」

「訂單有幾件？」

像這樣什麼都講求數據，如果是向重要長官提案或報告就算了，但是在自家團隊或單位裡，主管和屬下的對話真有必要這樣嗎？況且在這種溝通模式之下，很難去分享沒有數據的情報。

相反的，有一種主管會在屬下報告數據時，卻想動之以情地說服對方。

嗯，話不投機、觀點不同根本沒辦法對話！

⑥無法隨興交談的職場環境

職場的空間設計，也會影響溝通的便利性。

- **只有固定的辦公桌椅**

• 只有拘謹的會議室（而且會議室總是搶不到）

這樣的話，當然就無法隨意找人商量或閒聊。結果，（再次）歡迎各位來到這種職場：

只有能在他人面前暢所欲言的勇者才可以順利溝通！

良好溝通有八成靠算計，二成靠技巧

日本組織目前時興在「溝通」一詞後面接上「技巧」二字，似乎這樣就可以解決溝通方面的問題。換句話說就是，公司必須培養積極溝通的人，或是在發表會上有良好應對溝通能力的人才，否則就只能乾等善於溝通又敢於暢所欲言的勇者出現了。但是所謂的技巧，並非人人都能那麼容易養成，善於溝通的勇者也不會輕易登場。很遺憾地，在一心「等待勇者現身」的職場中，充斥著「一知半解」的人。

當然，用技巧來解決溝通問題很重要，但是過於仰賴技巧也有缺點。

- **溝通技巧不一定所有人都學得會**
- **工作屬人化**

任誰都有擅長或不擅長的領域，溝通技巧也一樣。你應該有遇過再怎麼努力栽培，對方卻怎麼都學不會的案例吧？結果只是無端浪費了時間和成本。而且對當事人來說更是痛苦不堪的經驗。

另外，技巧是屬於個人的財產。當擁有良好溝通能力的領導人脫隊時，團隊的戰力會瞬間下降，我就認識這樣一個業務團隊。

請停止光靠技巧就想解決溝通問題的這種想法。

良好溝通有八成靠算計，二成靠技巧

該如何設計出有效溝通的環境呢？

什麼樣的環境可以讓不擅長溝通的人也能夠「報連相」或共享資訊呢？

重點就在於「溝通設計」（commnication design）。那麼，具體該做些什麼呢？

「資訊共享」不如「提供資訊」清楚指出想知道的主題

「不要『資訊共享』，而是要『提供資訊』。」

某間公司因為做到了上述轉變，結果原本沉默的員工開始主動分享情報了。

「資訊共享」的說法太模稜兩可，很容易讓人摸不著頭緒。但是換個說法，改成「提供資訊」，至少聽者對於具體該做些什麼，心裡會有個底。而這個時候，主管就要清楚指示需要對方提供什麼樣的資訊。

①指示具體的主題、重點

「不想再接到其他部門的抱怨了。」

「希望減少電話溝通的時間。」

「只要和ＩＯＴ物聯網有關的資訊都好，知道的話請告訴我。」

主題如上述這麼單純也沒關係，只在當下所需要的資訊也無妨。主管應清楚指示「希望對方提供什麼樣的資訊？」如此一來，成員就會知道：

「原來提供這種程度的資訊就可以了。」

「原來，這個也會成為我們團隊必需的知識啊。」

無論任何事，「把重點交代清楚」都是基本條件！

②指示／安排提供資訊的方法和機會

話說回來，人要是一忙起來，就算想提供資訊也心有餘而力不足。

「有任何靈感請隨手寫在便條紙上，然後貼到這個布告欄。」

「我建立了一個專門分享資訊的郵件群組（mailing list），有任何點子就發信給群組所有人吧。」

「（反正本來就有）每週一次的團隊會議，每次會議的前10分鐘※就用來討論如何改善工作效率。」
「大家有靈感的時候，都能直接傳到聊天室。」
像這樣，明確的指示並安排提供資訊的方法和機會。此外，藉由這個機會建立面對面溝通以外的手段也是一種方法（之後會解說）。

※重點在於一開始就要安排妥當，而不是拖到最後。這樣一定可以有效溝通。

七個訣竅 教你如何成為以身作則的主管

現在方針和手段都決定好了！但儘管如此，內向的日本人恐怕還是會在意周遭的眼光，而無法主動提供資訊。這時就是主管要以身作則的時候了。第一步就由主管率先提供資訊。

①資訊的難度不要過高

你所提供的資訊太過完美的話，會提高其他人提供資訊的難度。

「欸，原來提供這種資訊就行了。」

「這種程度的話題也可以喔。」

「稍微寫錯字或漏字也沒關係啦。」

營造安心感，鼓勵團隊成員主動且沒有壓力地提供各種資訊。

②給予回饋，不要無視

好不容易成員紛紛提供了資訊、意見或提案，然而卻得不到任何反應，被視而不見，最終還遭到否決，這未免也太可憐了。如此一來，成員應該再也不願提供資訊了吧。

請盡可能給予回饋，然後請把話聽到最後，不要馬上否定對方。聽完後首先要說「謝謝」，而且不要忘記感謝的心情。不論任何意見都虛心接受。這就是主管的風範。

不過，工作太忙有可能無法馬上回饋所有資訊。可以事先約定日期（如團隊的定期會議等）一起討論、交換意見。這種方式也不錯。

總之，嚴禁無視！嚴禁否定！這兩點請徹底執行。

③提供資訊時須一視同仁

特別是身為主管的你在提供資訊時，要盡可能公平分享給所有人。可能的話，連派遣員工、外聘員工等非公司內部的合作夥伴們也要做到平等對待。人在得不到資訊的時候，會覺得自己被排擠、受到不公平的待遇。久而久之就會對組織失去信任，別說要提供資訊了，連「報連相」也無心去做（這時上級若是強制命令部屬『報連相』的話，對方會覺得自己『遭到壓迫』，導致積極投入工作的意願急速下降）。請重讀第一站文末（第52頁）的專欄。

「所謂資訊或情報，只有得到的人才會主動提供。」

就是這麼一回事。

④「報連相」，從主管率先做起

屬下沒有做到「報連相」的話，就由身為主管的你開始做起怎麼樣？

「先前拜託你的工作，現在狀況有一點不一樣了，我來說明一下。」

「唉呀，經理又亂丟工作過來了。雖然有點棘手，但我們一起來腦力激盪一下好嗎？」

人會提供資訊給信賴自己的人，對於找自己商量的人也會產生親近感。由你主動靠近對方的話，對方也會覺得「想和這個人商量看看」、「希望這個人聽我說」也不一定。

⑤對成員「敞開心房」，從主管率先做起

成員對彼此互不關心，所以不知道彼此在做些什麼。但是，連共事夥伴擅長什麼領域，想變成什麼樣子都不知道的話，這種氣氛很可能是由你造成的，所以由你率先帶頭改變吧。

人可說是對其他人沒有興趣的生物。這樣的話，就由你為中心，把自己的專長、過去的經歷、感興趣的事物、喜歡的事物，不經意地分享出去吧。不久就會讓團隊成員都感到安心：「原來在職場可以說這些呀。」

「我喜歡這個！」

會這麼說的人不多，不對，恐怕是大多數的人連自己喜歡什麼都沒有注意到。

「好像稍微有點興趣了。」

「你這麼一說，好像很有意思的樣子。」

藉此成員可以挖掘出潛意識中有點興趣的事物，興趣相投的人聚集在一起之後，大家可以共同努力，組織也會變有趣。從你開始對其他人敞開心房，可以有效地讓他人的潛意識透過語言傳達出來。

⑥不要開口閉口都是「結果」、「道理」、「數據」

有些人對於數字或是沒有根據的問題會感到生氣。若是商量一些沒有結論的事情，有的主管會追問「所以結論是什麼？」如此不斷重複的話，會變成什麼狀況呢？

・部屬有問題不敢找你商量

・就算工作現場發生狀況，也遲遲無法發出警報

就算對方提出沒有根據的問題也先聽完，然後提出建議，例如：「原來如此。那現在先驗證看看是不是真的並提出假設，你覺得如何？」這樣的作法，屬下會比較願意提供靈感或意見，也比較容易正視組織的問題。

開口閉口都講求「結果」或「道理」，任何發言都要求一定要有「解答」的話，只會令人感到痛苦，漸漸地就不想發言了。

⑦了解每個人的溝通特質

我的客戶端有個主管用很幽默的方式將主管分成兩大類。

「這個世界上的人可以分成Excel GUY和PowerPoint GUY。有人相信數字會說話、喜歡看數據說明，有人則喜歡訴諸情感、具有感染力的說明方式。」

這種說法是不是很有意思呢？

你自己或對方是哪一種人呢？了解成員或是相關人員的溝通特質，讓適合對方特質的人去說明。或是將Excel GUY和PowerPoint GUY組合起來說明。像這樣的「組合技術」也可以讓成員產生歸屬感，並有效（且實際）地提升溝通能力。

不擅長的事物就是不擅長。
選對擅長的溝通方式則可以發揮到淋漓盡致。
這也是同時提升生產力和動力的關鍵。

安排面對面以外的溝通機會

身處同樣的環境、透過相同的方式，很難促進彼此的溝通，也不好吐露內心話。所以，可以試著改變環境。

譬如，你可以使用資源共享軟體、通訊軟體或是類似Slack的團隊通訊平台等不需要面對面的網路溝通方式。

什麼，你說你還是想要當面直接談嗎？對於新方法還是不習慣？

老是這麼守舊的話，別說是屬下或是組織，最重要的是連你自己也無法進步！

運用網路溝通工具的優勢，比當面對談還要多，以下舉例說明。

不受時間和空間限制

可以在自己方便連絡或回覆的時間，迅速地提供資訊。不需要特地找地方討論，省下不少麻煩。

- **當面＝需要指定時間、指定場所的同步溝通法**
- **非當面＝不需要選定時間和場所的非同步溝通法（也可以是同步溝通）**

請掌握上述特性。

屬下也比較容易對主管進行「報連相」。一般來說，當屬下詢問「現在方便嗎？」主管大都會回覆「等一下再說」予以拒絕，反而很難有溝通的機會。主管和屬下之間的關係本來就是不公平的。因此主管若能多下點工夫的話，職場的「報連相」就會更活絡。

不擅長當面溝通的人也可以輕易提供資訊

有些人雖然不擅長當面對談，但是可以寫出有條理又好懂的文章。雖然他們的臨場反應不好，但只要給他們一點時間就可以把想說的話整理成簡潔明瞭的文字。相反的，若一味堅持要與這種人面對面溝通的話，反而得不到他們的靈感與專業。對組織來說形同損失了良好機會。因此，溝通的方式與切入點都應力求多樣化！

公平性

在當面對談的情況下，只有現場的人才能獲得資訊。但是透過網路工具來提供資訊的話就能確實留下紀錄。也就是說，可以確保獲得資訊的公平性。

某企業規定要提供給老闆的意見一定要透過Slack來傳達。因為他們認為：

「若只是因為老闆剛好有機會聽到，就被列入優先考慮的話，豈不是太不公平了。」

可以同步溝通

透過通訊軟體或團隊通訊平台Slack，可非同步溝通，也能和不在場的人同步溝通。

「什麼通訊軟體Slack？你有電子信箱吧，寫郵件來提供資訊就好啦。」

嗯……光是「特地」寫郵件這個行為，也提高了隨手提供資訊的難度。

使用電子郵件的話，溝通的程序屬於連續性的行為，亦即A寄信↓B收信↓B回信↓A收信。寫信必須選擇收件人，還要先打幾句郵件慣用的問候語，每個過程都會產生等待的時間。但是透過通訊軟體或Slack就能同步動作，可以輕鬆地提供或分享資訊。

留下紀錄

當面對談的情況下，若沒有刻意寫成會議紀錄，通常不會留下紀錄。這樣也等同是增加了提供資訊的難度。沒有留下紀錄的話，好不容易提出不錯的意見或提案，經常會被擱置。另一方面，若用網路工具往來的話，所有對話都會被記錄下來。意見或提案也不會被無視。好的資訊會成為公司的資產。在嚴肅拘謹的會議場合上很難說出口的內心話，若是透過Slack就可以不用在意他人的眼光，同事之間的溝通也會更為直接方便。

「溝通就是要面對面直接談。」
「來去喝一杯吧！這樣才可以好好溝通！」

抱持著這種價值觀，只有你會覺得開心。請試著去質疑既有常識，並更新你的常識。不這樣的話，個人和組織都不會進步。尤其是面對具有「良好問題意識」與「良好成長目標」的員工，你沒有權利因為自己的任性或價值觀而降低這類員工的工作熱忱。

讓年輕員工促進溝通或帶動氣氛

「希望年輕人可以更踴躍溝通。」
「希望工程師可以積極一點。」

倘若你這麼想的話，何不交給他們本人（年輕人、工程師）來思考呢？年輕人才會知道怎麼和年輕人溝通；最了解工程師內心想法的正是工程師本人。勉強讓五、六十歲的公司高層來煩惱這類問題，或是強迫行政職出身的主管來想法子，最後採取的策略很可能注定會失敗。然後，隨著這些策略失敗，職場的氣氛會越來越尷尬。

「給予當事人思考的時間和預算，該怎麼做就交給他們自己決定吧。」

「玩心」不可少

總是一身筆挺西裝或套裝，在辦公室或會議室裡正經八百地討論公事的話，恐怕既無法促進溝通，也迸發不了新的靈感或是嶄新的改善方案。

- **偶爾穿著休閒，去咖啡廳或戶外輕鬆地討論**
- **提案時加入一點「玩心」**

類似這樣的小改變，就可以有效改變溝通的氣氛。

我於二〇一七年出版的著作《職場問題歌牌》，正如書名所示，是可以在職場中玩的、過年時常玩的一種紙牌遊戲（かるた），根據日文五十音的「あ」（發音A）到「ん」（發音N）共四十六張歌牌，以幽默插圖來呈現各種職場問題。詠唱者發出的聲音，請到了專業的人氣聲優以生動的演技來詠唱錄製而成。因此有許多企業、自治團體採用了這套作品，利用歌牌來化解職場中尷尬的氣氛，或是藉此透過言語或文字，點出了職場上各種「不合理」、「沒必要」、「不正常」的問題。利用圖片、聲音和文章等各種手段，讓職場的問題一一浮上檯面。

「啊，我們部門也常發生這種狀況。」

「這個聲音，根本就是我的心聲呀！」

「難不成，我的屬下也是這樣看我的嗎!?」

此外，因為加入了「玩心」，玩歌牌時就和每個人的職位高低無關，無論是部門經理、課長、副理，或是一般社員或派遣員工，所有人都可以輕易說出：「這就是我們職場的問題！」、「我一直覺得這點很奇怪。」實際上也的確有公司因為派遣員工所指出的問題，而致力去改善。

促進溝通的重點是隨時變換新招

人類本來就是喜歡玩樂的生物。這樣的話，工作時不妨增加一點玩心，正中下懷。這也是成效斐然的一種溝通設計。

良好溝通有八成靠算計，二成靠技巧。如果你認為只要靠著幹勁和耐力、提升屬下的溝通技巧就能夠解決溝通問題，這都是日本企業傳統老舊的想法。而且很遺憾地，在現今社會，這種想法已經稱不上是管理了。溝通不良、資訊沒有即時共享等都是這種老舊企業文化的通病。正因如此，溝通問題並不是靠個人的技巧或心理狀態就能解決的。請馬上設計出適合溝通的場合和機會吧。

促進溝通的重點是隨時變換新招。根據各行各業、不同的企業文化，以及員工年齡層和價值觀的不同，適合的方式也不一樣。正因沒有正確解答，所以不要受限於既有的常識，請大膽嘗試各種方法（所謂多樣化的管理，就是在不斷的挑戰和失敗中找出解答）。

最後，請讓我用直接的話來為本章收尾。任誰都不會積極去接觸自己沒有興趣的人或是不信任的人。

「我的團隊毫無對話可言。」

「屬下不會對我說內心話。」

「屬下沒有意見也不提案。」

「屬下沒做到『報連相』。」

這些情況說不定是屬下對公司，或是對你這個主管「沒有興趣」、「不信任」的暗示也不一定……

夾心餅乾主管的問題地圖

BUS

第四站

無法激勵員工
無法培育人才

溝通管理　職涯管理　品牌管理

目的地

對上對下不傷人也不內傷，笑著當好主管

「目前公司面臨的問題是中生代不夠積極。」

「年輕員工對於公司和工作都沒有熱忱。」

「沒有人栽培接班人。培育人才是我們目前面臨的課題。」

我在輔導公司改革勞動制度時，常聽到管理階層或人資負責人說出這些話。想提升員工積極向上的動力、想培育人才等，這些是現今日本組織，不論是企業、自治團體、公家機關都面臨到的重大問題。

以上訊息的主詞是管理者。至於身為受詞的中堅員工以及年輕員工又是怎麼想的呢？

中堅員工、年輕員工真正的心聲大公開

實際上，中堅員工和年輕員工，對於主管又是抱持什麼樣的看法呢？在職場上大家不願意吐露內心話，所以也沒有機會知道大家的想法。因此我集結了自己在工作現場、讀

書會等場合所聽到的對話，以及推特上網友實際留下的心聲，在此一舉公開。

「光眼前的工作就讓我分身乏術，精疲力盡了。」

「管理階層、各級主管想的對策，方向完全不對，只會讓人失去工作幹勁。」

「上面的人只會出一張嘴，嚷嚷要我們『拿出幹勁』，卻什麼也沒有做」

「公司說『我們得靠自己來提升工作幹勁』。」

「我為了改變現況而提出改善方案，不但不被接受，還被否決了。公司卻整天喊著要『創新』。」

「希望公司能給負責人該有的權限。上面的人完全不聽現場執行人員的聲音，只靠自己的想像來下達指令，沒有比這更麻煩的事了。」

「上級始終不做決定，結果造成工作停擺，自己也無法進步。」

「主管什麼都自己做決定，屬下只是你手上的棋子嗎？」

「在這裡不管怎麼努力都得不到肯定，而且什麼技術都學不到。」

「我看不到這個工作的未來。」

「我明明是工程師，卻老是要我做PowerPoint報告，這就不是工程師的工作啊。」

「電腦沒升級，速度太慢，根本無法工作。這樣誰會想努力工作呀！」

「身邊沒有其他年輕員工，也沒有其他年紀相仿的對象可以學習。」

「公司只有我一個女性員工，沒有可以商量的對象。」

「大家只會說『與其學習，不如去習慣它』，沒有人願意教我任何事。」

「我從一開始就不知道該學些什麼才好。」

「想報名參加研習，但是公司不出錢也不給假。」

「我想準時下班後去參加外面開設的讀書會，想自我學習成長。但是整天都得加班，根本不可能準時下班。」

「我跟主管說想參加外部的讀書會，他們就露出『蛤？你說什麼？』的臉色，彷彿在說『比起參加什麼讀書會，你還是先處理好手上的工作吧』讓人壓力好大。」

「我們這種鄉下地方根本沒有讀書會或演講可以參加……」

想公開的上班族心聲還有很多，但就先寫到這邊。上述的話全都出自於二十幾歲到三十出頭員工的心聲。聽了覺得「刺耳」的主管們，請不要摀住耳朵，而是正視事實。如果你認為「這些都和我無關，我什麼問題都沒有！」、「啊，世上的確有這種過分的主管……」那麼，請容我對你說出一個更刺耳的事實：

「『我完全沒問題！』、『真的有這麼過分的主管嗎？』會說出這種話的人正是最糟糕的主管！」

主管無心的舉動會降低屬下的幹勁！

另一方面，我們也可以聽到來自主管的吶喊：

「欸，你就因為這種小事而灰心喪志嗎？」

「我明明就是為了他好才這麼做。」

「我也是這樣一路走過來的……」

「我只是在做身為主管該做的事而已。」

遺憾的是，儘管你不想打擊員工的士氣，但部屬還是會越來越垂頭喪氣。那麼，讓我們一起來探討員工士氣為何會越來越低落的原因吧。

造成部屬無心工作的原因不只一個，牽涉到各式各樣錯綜複雜的背景因素。以下分析六種類型的主管來幫助各位思考。

①什麼都不做型

這類主管正如字面上的意思，什麼都不做。只會嘴上喊著類似「工作要積極」、「培育人才很重要」的口號，然後就全都交給屬下處理。而且明明要求屬下全權負責，卻又不給予權限。在屬下找主管商量時，也不會好好處理。這種主管不做判斷也不做決策，只會說一些沒人聽得懂的大道理，或是守著無謂的堅持，然後就否決部屬。即使屬下好不容易鼓起勇氣提案，也不會有下一步了。部屬也無法嘗試任何新的挑戰。難怪這種主管所帶領的員工會越來越提不起勁來工作。到了最後，這種主管還會把工作進展不順利的責任全都怪到屬下頭上。

②井底之蛙型

光手上的工作就忙不過來了，要是主管又增加了毫無必要的事，只會讓員工更加手忙腳亂。

☑ 逐漸降溫的情緒變化

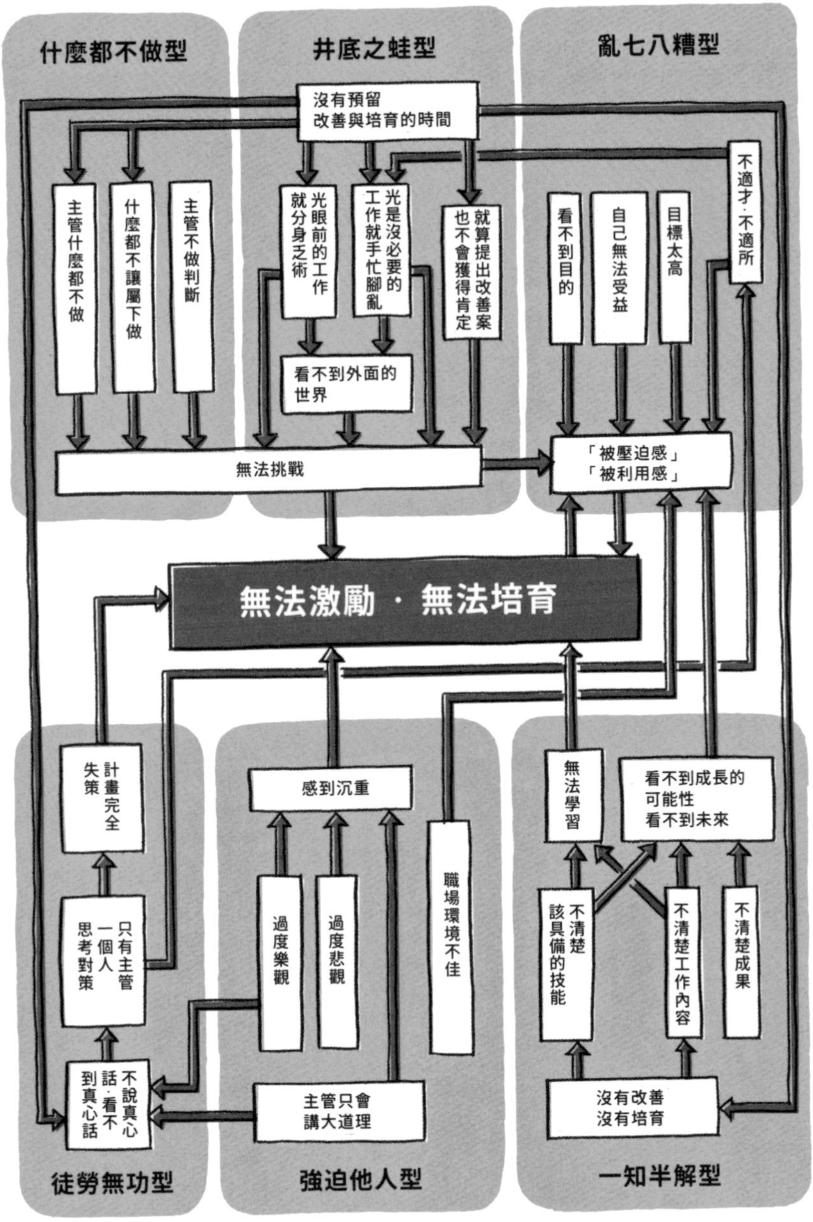
什麼都不做型
井底之蛙型
亂七八糟型
沒有預留改善與培育的時間
主管什麼都不做
什麼都不讓屬下做
主管不做判斷
光眼前的工作就分身乏術
光是沒必要的工作就手忙腳亂
就算提出改善案也不會獲得肯定
不適才·不適所
看不到目的
自己無法受益
目標太高
看不到外面的世界
無法挑戰
「被壓迫感」「被利用感」
無法激勵·無法培育
計畫完全失策
只有主管一個人思考對策
不說真心話·看不到真心話
感到沉重
過度樂觀
過度悲觀
職場環境不佳
主管只會講大道理
無法學習
看不到成長的可能性看不到未來
不清楚該具備的技能
不清楚工作內容
不清楚成果
沒有改善沒有培育
徒勞無功型
強迫他人型
一知半解型

「我明明是海外行銷部的人，卻整天要我留在公司統計數據資料。我根本沒機會去見識海外市場。」

「我明明就是工程師，卻每天都在製作說明文件……」

「整天要我寫提案計畫書、處理合約，行政事務多如牛毛，我原本的工作根本沒辦法進行。況且我本來就不擅長行政事務……」

讓你的部屬為了這些分外的工作，非但無法好好處理分內之事，還忙到分身乏術，同時也無法做自己想做的工作，搞到最後絲毫無法成長與進步。而當他們為此提出工作改善的方法時：

「你先給我集中精神處理眼前的工作。」

「這不是你該做的事。」

卻只得到主管狠狠的否決。沒錯，沒戲唱了。

員工心裡有很多話想說，像是「至少讓我有機會擴展視野。」、「我希望能多磨練自己的技巧。」．「我偶爾也想準時下班，或是請公司出資讓我們在上班時間也能參加外部的讀書會或演講。」、「請讓我參加外部的研習。」等等，但是說了一定會被打槍。

所以，今天也在一成不變的辦公室裡和一路並肩作戰的夥伴們，忙著一成不變的行政事務，一起加班到深夜。天哪，好好的員工變成一成不變、毫無長進的井底之蛙也太可悲了吧！

③亂七八糟型

這是從第一站就開始衍生出來的問題。主管從一開始就不知道工作目標為何，卻又把工作丟給屬下就不管了，而且偏偏還丟給了最不擅長的人。

這種主管不是故意的，他只是單純地不知道每個員工擅長、不擅長的領域，也不清楚員工真正想做的工作而已。說穿了，這種主管只是天真了點。

而這種主管的屬下一樣也很單純。他們會「因為這是主管交辦的工作」而認命地接受。但到頭來學到的只有被動的精神和忍受力而已。

有時，這種主管會把「怎麼想都不可能達成」（就像玩絕對不可能破關的遊戲一樣）的高難度任務丟給屬下，而且還不做任何說明。你認為這種主管是要你發揮你最擅長的幹勁和耐力、想辦法完成任務嗎？

④徒勞無功型

面對死氣沉沉的職場氣氛，你原本打算想辦法解決，畢竟你是主管！只是，你所實行的計畫全都失敗了。

「大家太不積極了，也不夠團結！該去喝一杯了！」

「我們來辦個運動會吧！」

嗯，這種提案也不是不行，但你該做的事並不是這些。

現在的問題在於職場的氣氛讓屬下無法說出內心話，所以主管無法聽到實際執行工作的人真實的聲音。

主管不了解屬下的想法或是工作現場的真實情況

↓只有主管一個人思考對策

↓失策了

↓實際執行工作的人越來越不想工作

⑤強迫他人型

這是造成「徒勞無功」的原因之一。經營者或管理者的觀念太過時，或是只會說好聽話，都會導致工作現場氣氛沉重，形成無法說出內心話的職場風氣。

「既然是做業務的，這種事當然得忍耐呀。」

「就是因為你沒幹勁才會犯錯。」

「當然全都得你自己做，想外包絕無可能！」

「任何事都要面對面坐下來討論，這不是常識嗎？」

「不管發生什麼狀況，所有人都必須在早上九點前進公司。」

「上班當然要穿西裝打領帶，說什麼廢話。」

「身為社會人，工作一定是第一優先啊。」

此外，有時主管會抱持過分樂觀的想法。

「隨時都要保持朝氣！」

「不要覺得公司在逼迫你們！」

當你說這些話的同時，你的屬下就會保持緘默，不敢也不願說出任何不合理、沒必要或不正常的事了。

不過，主管太過消極也不對。

「反正在這個公司，無論做什麼都不會有所改變。」

你的工作就是要讓它改變。

實際工作的環境或硬體設備不佳，也會造成在這裡工作的人提不起幹勁。

- **日光燈快壞了一直閃，卻沒有人去換。**
- **廁所太少，永遠都要排隊。**
- **辦公室太熱或太冷。**
- **明明是電腦工程師，卻只有一台跑不動的舊電腦。**
- **明明是做設計的，卻不允許他使用兩台電腦螢幕。**
- **明明用遠端控制就可以處理的工作，卻不允許員工使用這種功能。**
- **員工被關在狹窄的辦公室裡，坐在狹小的辦公桌前工作。**

當上述情況變成常態，員工就會覺得「自己不被當人看」或「自己的專業不被尊重」。

⑥一知半解型

繼第一站之後，「一知半解」再次登場。「一知半解」也會大肆擾亂人們工作的情緒。

沒人知道這個工作需要什麼技能。這個部門（團隊、單位）如果要做出成果的話，成員需要什麼樣的知識、專業或技能呢？沒有半個人知道。然後，為了找出必要的技能，不得不先從了解最基本的工作內容開始。但是公司卻沒派人解說工作的內容。想當然爾，也不可能有什麼人才養成計畫了。

「反正可以在職訓練啊。」

「看前輩怎麼做，跟著做就對了。」

但是，所謂的前輩並無法說明新人所負責的工作內容，也無法說明新人工作上所需要的技能有哪些。

「沒辦法，只能靠自己來學習了。」儘管你這麼想　但是連需要什麼技能都不知道，又怎麼會知道該學習什麼！

結果不管是成長或升遷的機會，連個影子都看不到。簡直可說是「一知半解」造成的連鎖反應。

屬下無法說出真心話的四個原因

話說回來，為什麼日本人無法在職場坦露心聲呢？主要有以下四個原因。

①因為害怕而說不出口
②刻意不說
③沒有表達能力
④有發覺／無法發覺

①因為害怕而說不出口

屬下本來就無法對主管說出真心話，這是千古不變的定律。除非真的是非常開明的好公司，否則屬下絕對不會對主管說出內心話，任何人都一樣。

②刻意不說

「這份資料，有必要特地印出來郵寄嗎？傳檔案就好了吧。」

「我有必要出席這個會議嗎？」

「那個會議在Skype上開就可以了吧？」

「反正都在公司裡面而已，穿POLO衫和卡其褲上班也沒關係吧？」

儘管心裡覺得眼前碰到了似乎是沒必要或不正常的事，但是只有少數人會放下手上的工作，主動去告知主管。大多數的人會選擇放在心中、默不作聲，導致內心越來越「難以釋懷」，或者同事彼此在茶水間或下班聚會時發個牢騷就算了。結果就是無法做出任何改善。

又或者，也可能出現下列狀況：

「以前我提過改善方案，但是完全不被當成一回事。所以，我再也不願重蹈覆轍了。」

「就算建議公司改善也不會有人認同。這種蠢事誰要做呀！」

出現了！因為過去的黑歷史，造成員工「再也不想提出改善建議了」。

「我們公司的員工都好安靜。」

「沒有半個人提出改善方案。」

如果你是這麼想的話，請特別注意！很有可能是因為你所處的組織、你的屬下不信任你的關係。

③沒有表達能力

出乎意料地是，在日本組織中這個原因占大多數。大家都覺得現在的工作方式並不正常，應該可以透過改善變得更好。但是苦於不知道該怎麼表達自身想法，所以無法提出意見，結果抱著「難以釋懷」的情緒繼續在原地踏步。想指出公司內任何「不合理」、「沒必要」或「不正常」的現象，希望公司可以正視問題並進行改善，需要具備可透過言語來表達的機會和技巧。

④沒有發覺／無法發覺

這也是很常見的現象。員工根本沒有發覺也無法發覺自己的工作中，哪些部分「不合理」，哪些部分「沒有必要」。這也難怪，同樣的工作持續做了五年或十年，往往不會發現自己做的事是沒必要的。只要不知道其他作法，現在的方法就是唯一。

抑或是，員工或多或少有察覺到現在的作法「沒必要」也不一定，可是卻故意假裝沒發現。這是為什麼？因為一旦攤在陽光下討論的話，就代表你否定了公司遵循至今的作法或是主管的想法。

管理階層一旦說出口就挽回不了的五種「毀滅性發言」

下列這五句話，請管理階層或主管絕對不可以對屬下說出口。倘若你希望屬下能主動提出改善建議或嘗試新挑戰的話，也絕對不能說。

「從過去到現在你到底都做了什麼。」
「想也知道一定不行。」
「你只是想少做一點工作吧？」
「這種事在上班以外的時間做。」
「你（們）自己做就好。」

這些毀滅性的話。一旦說出口，屬下再也不會出於好意地提出改善建議了。

總之，主管請做這四件事！

激勵屬下、培育人才，都是主管的責任。屬下並不是放任不管就能自己成長。但是，太過瑣碎的指示也會妨礙屬下進步。以下列舉的四件事，希望各位主管務必確實執行。

①預留時間和屬下一起討論改善方案或人才培育計畫

首先，一定要預留時間，跟部屬一起討論改善工作的建議、檢視公司的人才培育計畫。一切都從這裡開始。

- **一開始請先預留下周某天的一個小時時間，一起討論如何改善工作效率**
- **每年一次和部屬一起盤點工作內容，討論要改善的工作以及該放棄的工作**
- **預留時間來確認工作上所需的專業技能**
- **利用一成的工作時間來嘗試新的挑戰**
- **為了有效改善工作效率，要準備一筆學習的預算**
- **選定改善方案的負責人**（當然，這屬於工作的一部分，應針對績效給予評價）

即使是公司規定，也要預留時間和預算。然後選定負責人，將他所負責的內容視為工作的一部分。不這樣做的話，不論是改善方案或人才培育計畫都不可能進步。倘若只仰賴偶爾才會出現的員工，像是有心解決問題的員工、富有挑戰精神的員工、敢伸張正義的員工、學習欲旺盛的員工等，一定無法期待組織可以穩定成長。而且，儘管公司真有上述的員工，恐怕也會逐漸地被磨到失去鬥志。

人們會因手上工作而忙到不可開交，實屬人之常情。人就算發現了沒必要、做不到或不正常的工作，說不出口也是理所當然。沒辦法，只要是人都一樣。所謂的管理，就是應該針對人們的弱點，加以解決（只會根據以往習慣的作法，或是想透過個人的幹勁和耐力來解決問題的話，稱不上是管理）。

②迅速下決定

主管什麼都不做決定的話，屬下只會越來越消極。對於這份工作抱持的熱情最後也會所剩無幾。所以，主管要盡可能地迅速做出決定。

「對不起，上面遲遲不拍板定案　能不能請您再等一下呢？」

有一位想委託我演講的大企業窗口，曾經這樣向我致歉。那人真的很可憐，他本人想嘗試新的挑戰，為了改變公司風氣而提出了這場演講的企畫。但是，他的主管卻一直不下決定。因此造成外部人員的困擾，讓他深感到抱歉。我自己也切身感受到了那位負責人的痛苦。以及他的心灰意冷（有些負責人會找我諮詢這類煩惱）。

我自己也有類似的經驗。因為上司遲遲不做決定，對於等待回覆的客戶感到無比歉意。這種事如果一再發生，就會覺得自己的公司很丟臉。一方面，面對外界覺得有這樣的公司很丟臉，而難堪到不行。另一方面，對於無法改變現狀而無能為力的自己也感到厭惡。就這樣逐漸累積下來，終有一天對於公司的忠誠會完全崩潰瓦解。各位主管，請不要再讓你的屬下有這種感受了。

話雖如此，但主管畢竟也是領薪水的上班族。企業規模越大，就越不可能由一個人來決定事情。但是主管至少要好好地向屬下說明會於「何時」、「和誰」、「以什麼樣的方式」來做出決定（「難以釋懷、悶悶不樂」是產生不滿情緒的溫床）。只要這麼做，屬下接受的程度就會完全不一樣，心裡可能會覺得「那我再努力看看好了」。

③一旦交付工作就完全信任

因為信任而將工作交給部屬，而且一概不干涉部屬的工作方式。人們對於相信自己的對象也會給予信任。反過來說，人們無法信賴不相信自己的人。屬下被交付工作的那一刻起，就掌握了主導權，漸漸地對於手上的工作感到自豪。

④先把話聽到最後

如果你馬上否定對方，打斷屬下的話，強迫對方接受你的想法，這樣的行為只會降低屬下提案的意願，然後再也不願意嘗試新的挑戰了。

「對於屬下提出的改善方案，先聽到最後再說。」

做主管的就要有這種風度。首先把屬下的話聽到最後，再一起煩惱，給予建議。

「你原先鎖定的目的或目標是什麼？」
「要怎麼做才能實現？」
「是不是還缺少了什麼？」

以下方法可以有效幫助你從頭到尾聽完屬下的提案。

- **寫在白板上**
- **寫進Excel的改善問題計畫表中**
- **每週開一次團隊會議來確認進度**

「這位主管有認真聽取我的意見。」
「原來在這個組織裡，提案真的會執行。」

主管要營造出這樣的安心感，讓員工有動力提案或嘗試新的挑戰。組織文化就是這樣塑造出來的。

主管的常識不等於屬下的常識 常識也需要進化更新

想要提升年輕員工的動力，中高齡主管再怎麼想破頭，大概都會失策。儘管觀念上有很大的出入，也不能全然歸咎於「代溝」。主管和部屬的工作專長不同也會造成代溝。行政主管想方設法提升電腦工程師的幹勁，恐怕只會造成令人遺憾的結果。

「找個時間大家一起去喝酒聚會吧！」⬇「不了，我不想勉強自己跟大家去喝酒。」

「多安排幾個會議來交換彼此的資訊！」⬇「不如在聊天室互相提供（獲得）資訊還比較方便一點。」

也就是說，你的常識不等於屬下的常識。強迫屬下接受過去的常識，他們怎麼可能願意積極投入工作，而且還會因此覺得「自己不被尊重」。假設你負責行政單位，而你的屬下是電腦工程師。那你知道下面的單字是什麼意思嗎？

- **LT**
- **Slack**
- **Mokumoku會**※
- **Qiita**
- **程式設計馬拉松**（Hackathon）、**創意發想馬拉松**（Ideathon）

要中高齡主管去了解年輕世代的想法是極度困難的事。中高齡主管的年輕時代和現在的年輕人相去甚遠，時代背景和價值觀都不一樣了，所以儘管中高齡主管回首過往經歷，也不見得可以和年輕人抱持一樣的心情。勉強自己去貼近年輕世代的想法，很有可能失敗收場。那麼，該如何是好呢？

（再說一次）放手交給他們吧。

要如何激發年輕人的動力，年輕人最清楚。

什麼樣的環境可以提升電腦工程師的工作效率，電腦工程師最清楚。

最了解中生代員工煩惱的，當然還是中生代自己。

經營管理階層和各級主管只需要提供資金、時間，以及提案的機會（當然還有執行的機會）就好，其餘都放手交給年輕員工。這樣的作法最完美。

當然，若是當事人迷失方向時，請給他們建議，例如聘請外界專家，或是提供年輕員工和其他公司交流的機會。這是相當重要的援助，不只可以幫助年輕世代成長，同時也是進化與更新組織常識的大好機會。

※MokuMoku源自日文的「もくもく」，意思是「默默」，而「もくもく会」是日本資訊科技業頗為流行的一種輕型聚會模式，意指一群人聚集在一個場所，各自工作或是讀書。

讓團隊成員列出以下清單：「想做的工作」、「不擅長的工作」、「喜歡的工作」以及「擅長的工作」

你知道屬下想做的工作、不擅長的工作、擅長的工作分別是什麼嗎？而成員之間是否也都知道呢？

答案是ＮＯ的話，也無須沮喪。忙碌工作之餘，實在很難抽出時間來討論這些事。「我想做那個！」、「我想要挑戰這個工作！」、「我討厭這個工作！」會特地公開說出這種話的勇者也很少見吧！但是，主管若不採取必要措施的話，只會更加束手無策。

- **有什麼方法可以激發屬下的鬥志呢？**
- **該讓他們嘗試什麼新的挑戰呢？**
- **如何妥善分工合作，讓部屬每天都能有效率地完成工作呢？**

一年只有一次也沒有關係，請召集所有成員，試著讓每個人列出以下清單：「想做的工作」、「不擅長的工作」、「喜歡的工作」以及「擅長的工作」。平時比較含蓄無法說出心裡話的人，也可以趁這個機會讓他們表達想法。

如果有人仍然寫不出來或實在說不出口的話，主管可以依照下列題目自問自答。

「是不是因為我（主管）人在這，所以他們有所顧慮說不出口呢？」
「會不會是屬下的視野太狹隘了？」
「屬下所具備的知識、經驗是不是太少了？」

若是主管列席會讓部屬有所顧慮的話，就讓同世代的年輕員工自己肆無忌憚地討論可能會比較好。

若是屬下的視野太狹隘、知識或經驗不足的話，不妨放膽交付新工作。或是讓部屬去看看外面的世界（參加讀書會、研修等）。人若是沒有接觸新事物、沒有出去外面闖一闖，就無法真正知道自己擅長什麼、喜歡什麼，因為很有可能只是缺乏契機，沒有遇到自己認真想做的工作而已。

「我們團隊的成員沒有任何長處。」

會這麼想的主管，可能單純只是主管沒有讓部屬有機會接觸新事物而已。井底之蛙會阻礙個人以及組織的成長。

一成就好，讓成員做喜歡或擅長的工作

現在知道成員的志趣了吧？可以開始分配工作了。舉例來說，假設你要交代A屬下執行10個工作好了。請將其中一個工作換成A想做或擅長的工作。將來有新專案進來時，如果剛好是A想做的工作，請優先交給A來執行。長此以往，屬下就會對主管或組織產生信賴感。

屆時，推掉大家不擅長或不想做的工作也是一種方法。如果推不掉的話，也可以考慮

採取「優化工作效率」、「外包」等多樣化方式，工作起來會更為順暢簡便。
「自己（的團隊）想在什麼領域創造價值？」
「什麼工作要優先進行？」

大家一起討論這些問題，能推的工作就果斷推掉。做出決定也是主管的工作！

隨時變換，讓大家習慣說內心話

「大家心裡有什麼話就說出來！」主管直接喊話施壓，只會讓部屬越來越難說出口。

要讓大家習慣說內心話，重點在於隨機應變，適時改變既有模式。

- **在會議室很難坦誠相見的話，可以改去咖啡廳**
- **若是課長直接面談也問不出屬下的煩惱，就讓副課長去試探看看**

- 可以聽聽外部協助者的意見
- 偶爾讓大家換上休閒便服去郊外談公事
- 讀書自修
- 學習其他公司的成功案例
- 用遊戲的方式，找出「沒必要」的工作（透過遊戲的賞罰規則，較容易說出真心話）
- 製作目前工作流程的圖解版本

試著不斷改變方法，你會發現方法非常多。請主管自己也要積極見識外面世界，找出更多可以隨機應變的技巧。

屬下不說，就由主管先吐露真心話

「主管就要有主管的樣子。絕對不可以說消極的話。」

「在職場上絕對不能說這種沒志氣的話。」

就是因為主管墨守既定觀念、無謂的逞強（？），才會塑造出屬下無法說實話的氛圍也不一定。

比如說，客戶對你的團隊提出強人所難的要求，但是這個工作你又非接不可。

「有什麼辦法，我們就是靠客戶吃飯的。」

當然，這樣的判斷也很重要。但是，偶爾可以換個說法。

「那個客戶真的是來亂的！氣死我了。我下次一定會推掉，但這次真的很抱歉，請大家一起克服這個難關。」

主管和屬下一樣都是人。勉強自己裝成正人君子，還不如展現出人性化的一面，當個讓人容易親近的主管。與其逼迫大家正面思考，還不如以同樣是夥伴的視線，和大家一起生氣、一起懊悔、一起開心，這種主管才會受到大家的信賴。

「如果屬下不願意說真心話，就由主管先說。」

有時這也是必要手段。主管如果時常以正人君子之姿出現，會閃爍著令人無法直視的光芒，實在無法對他說出真心話或洩氣話。

製作團隊技能地圖

你的團隊要完成工作，或是達到理想的姿態，需要什麼樣的技能、知識、技術或經驗呢？請試著寫下來。

什麼，你說人事部已經有制式版本了？你的團隊需要什麼技能，是由人事部來決定嗎？好的，那麼請教你以下問題：

人事部製作的技能地圖足以符合你團隊的工作內容嗎？你有自信點頭稱是嗎？你的團隊所需要的人才，用人事部的技能圖就足以說明清楚了嗎？

人資部門並無法掌握各單位以及各團隊的詳細工作內容。更何況要人資來決定將來需要什麼樣的人才，根本是天方夜譚。你的團隊成員所需要的專業技能，必須由團隊自己來決定。

因此，請製作團隊專屬的技能地圖吧。畫在白板上或是製成Excel表格都可以。

①直軸表示技能（包含：知識／技術／經驗）

可以大致分成兩種：「一般技能」和「特殊技能」，比較容易思考。

一般技能範例

簡報技巧、製作簡報的能力、批判性思考能力

特殊技能範例

能否撰寫技術文件、能否寫VisualBasic驅動程式語言、報關人員執照、客服經驗
（兩年左右）

最近很流行將技能分成三種，包括「技術能力」（technical skill）、「人際能力」（human skill）、「概念能力」（conceptual skill），頗值得參考。如果你自己無法決定的話，可以和上司或成員一起討論。透過這次共同作業，其他成員或許也會萌生「我想學習這個」、「我也想挑戰這樣的工作」的想法也說不定。

②橫軸標出成員姓名

完成技能部分之後，開始在橫軸寫上成員的名字。然後，每個成員分別對照各個技能，針對是否有學習的必要，以及目前的狀況（現在是否具備這個技能）做出標記。可以使用類似以下符號，應該就可以看出成員的現況和未來理想的樣貌了。

◎＝需要且有足夠的能力（不需要加強）

○＝需要且有一定程度的能力（需要加強）

△＝需要但是不具能力（需要加強）

—＝不需要

③製作人才培育計畫

技能圖完成之後，接下來即是製作人才培育計畫。

- **誰？**
- **需要什麼技能？**
- **在什麼時候之前？**
- **以什麼方式學習？（在職訓練還是職外訓練？需要取得證照嗎？）**

只要能寫出上述問題的答案，就能明確知道該做些什麼。這也表示「不知道該學什麼」、「反正先在職訓練再說」、「完全看不到目標」等「一知半解」的迷惑完全消失了，同時可以幫助你帶出更協調的團隊，例如：

「希望B學會這項技能，然後和有經驗的A搭擋，兩人一起負責這個工作。」

④過了一段時間之後，全體成員再一起檢視技能地圖

過了半年或一年之後，全體成員再一起檢視技能圖。

自己成長到什麼階段了？
還有什麼不足的地方？
需要習得哪些新技能？

掌握自己成長的幅度之餘，同時也可以更新技能地圖的內容。

如此一來，招募新人時會輕鬆很多。在此舉一個實際發生在某大企業總部的例子。某部門的派遣人員老是待不久，讓該企業非常頭疼。每個新人大概做一、兩個月就會離職。詢問之後才發現離職原因是工作內容和所需技能不符。

「和我想像的工作不一樣。」
「無法發揮自己的長才。」

負責錄取新人的主任一年到頭都在面試和新人訓練，搞得他精疲力盡。於是，決定專

門替這個部門製作技能圖。具體列出此部門成員需要的技能和經驗，就連派遣員工負責的工作也列入調查分析。然後，招募新人時實際寫在招募條件中。單單只寫出「有溝通能力的人」並不夠，「這份工作需要何種溝通能力，以及需要何種應對能力」全都要詳細載明。

在那之後，流動率高的情況有所改善了。不再有新人條件不符的狀況發生，終於找到適合的派遣員工了。另外，面試者看過技能圖後發現：「在這個部門工作的話，可以學到這項技能。」因此就職後馬上自告奮勇：「我想嘗試這份工作！」也就是說，員工可以清楚預見自己的未來。技能圖也是可以推動員工主動學習新技能的利器。

「加強人才培育計畫！」

當你這樣想的時候，很容易會只專注於提升技能內容。比方說，既想讓屬下去上教練式領導研修課程，又想加強團隊的簡報能力等等。但是，在你提升技能課程之前，應該先確認組織的工作內容以及必需的專業技能。在你還無法清楚說明所處組織現在（以及不久的未來）需要什麼樣的技能之前，意味著你也無法成功培育人才。此外，人才培育很容易受到帶人主管的經驗或心理狀態所影響。換言之，能否成功帶人，一切都取決於帶人的主管。

☑ 團隊技能圖

必須具備的技能 技能・知識・技術・經驗		必要程度和現有狀況 ◎ 需要且有充足的能力（不需要加強） ○ 需要且有一定程度的能力（需要加強） △ 需要但是不具能力（需要加強） — 不需要				
		A成員	B成員	C成員	D成員	E成員
一般技能	一般技能a	◎	○	—	—	—
	一般技能b	○	◎	—	—	—
	一般技能c	○	○	○	○	○
	一般技能d	—	—	△	○	◎
	一般技能e	△	△	△	—	—
特殊技能	一般技能h	◎	◎	○	△	△
	一般技能g	—	—	—	○	◎
	一般技能i	○	○	◎	—	—
	一般技能j	△	△	△	△	△

POINT 1
「溝通能力」的範圍太廣。這份工作需要什麼樣的溝通能力，具體詳述比較清楚。

POINT 2
以此圖為準決定要用的人、需要的技能、何時之前、以何方式學習（在職還是職外訓練？需要取得證照嗎？）並據此制訂人才培育計畫。

部門或團隊名稱必須簡明扼要

「合作夥伴聯盟協調組織」（Partner Alliance Coordination）負責人
「國際事務管理室」（Global Affair Management）
「企業管理流程」（Business Process Management）負責人
「用戶體驗架構設計與管理」（User Experience Architectural Design & Management）
負責人

最近有很多這種乍看之下完全不知道是做什麼的部門或組織名稱。念起來該怎麼斷句都不知道，讓人很困擾。就算詢問那些單位的成員，也曾有人表示：「不知道耶，我也不是很清楚這個部門是做什麼的。」

連部門內的人都無法想像在這裡工作能學到什麼經驗、需要什麼樣的技能，部門以外的人（其他部門、客戶、合作夥伴等）一定也不知道「這個部門在做什麼？」、「可以期待他們做些什麼？」這樣的話，對個人以及組織來說，都是機會損失。

比如說，我過去曾任職於某個組織的「知識管理／品牌推廣團隊」。現代人可能多少都耳聞過類似知識管理或品牌管理這種職業，但還是不太懂吧！我後來才知道可以用「內部公關」來說明，但知道時已經是我離開那間公司八年後的事了。

如果當時知道「內部公關」這個詞的含義……

- **說不定我會去參加公關公司或內部公關的交流會或讀書會，增加工作上的知識，舉辦更棒的活動。**
- **說不定我會以公關人才自居，更積極學習。**
- **說不定我可以尋找擅長公關的合作夥伴，借用他們的力量。**
- **說不定我可以藉由內部公關活動，推廣公司的專業。**
- **離開公司後（人事異動／轉職），說不定我可以找到需要公關經驗的工作。**

如果換成白話來說明公關工作的話……

- **比較容易取得必要的知識**
- **比較容易找到必要的協助者，得到必要的協助。**
- **比較容易說明自己的經驗和技能，市場價值也會提升。**
- **比較容易異動／轉職，也可以拓展將來的工作領域。**

「屬下容易轉職的話，我也很困擾。」說出這句話的人會不會太不負責任了？如果你可以終生雇用每個部屬也就算了，但是現今社會，公司並無法保證可以終生雇用員工。身為主管的社會責任，也包括培育出適合其他公司的優秀人才，讓屬下累積足以自我推銷的資歷。最重要的是，培育出許多優秀人才的組織，也能匯聚其他優秀人才。這樣的話，組織和個人的品牌價值都可以提升。

就算一直不換工作，遲早也會人事異動。到時部屬會心存感激：「當時能夠負責那個工作真是太好了。」、「在那個團隊真是成長不少。」，還是被嫌棄：「太慘了。我無法推薦他給任何人。」完全要看你管理、培育人才的能力了。

部門或團隊名稱艱澀難懂的話，即使現在無法馬上改名，至少也用一個普遍的單字來表示或是取個暱稱吧。

「我們等同是法務部門。」

「這裡是資訊系統部門。」

「請把我們想成設計部門就好。」

夾心餅乾主管的問題地圖

BUS

第五站

削減主義

資源管理　運營管理　品牌管理

目的地

對上對下不傷人也不內傷，笑著當好主管

如同第二站，本章也從對話場景開始……

——你是某中堅製造商的經營企畫部副理。某天，經理交代了新工作給你，但是你自己沒辦法處理，所以決定交給屬下來做。

【場景1】

副理：「過來一下，有個新工作想拜託你。老闆為了加強公司內部的溝通，好像想要做『社報』。」

屬下：「您是說『社報』……嗎？」

副理：「對。然後這差事被丟到我們部門來了。所以想請你負責製作，可以嗎？」

屬下：「呃、好的……我知道了。請問預算是多少？」

副理：「才沒有預算這種東西咧。你怎麼會這麼問？」

屬下：「不是的。製作社報勢必得外聘寫手、攝影師、設計師之類的，還得與專門的製作公司和印刷廠合作才行。況且我從來沒做過社報，所以也想聽聽顧問的意見。」

副理：「欸～其實我是希望你一個人想辦法完成就好。」

屬下：「……您是認真的嗎？」

副理：「設計的話，隨便在網路上找一些免費素材湊合一下，只要看起來有模有樣就好了吧？也可以問問有沒有認識的人可以免費幫忙設計啊？」

屬下：「……真是沒救了（幹不下去了啦）！」

【場景2】

副理：「受到『勞動制度改革』的影響，我們部門也得意思意思改善一下。總之，我決定推動『零加班』。所以從今天起都不可以加班。拜託大家囉！」

ABC屬下：「欸!?也太突然了吧……」

副理：「總之就是不能加班。有時間在這裡抱怨還不如趕快去工作！」

ABC屬下：「……」

A屬下：「B前輩，可以請你教我這個圖表的統計方法嗎？」

B屬下：「抱歉，我沒有時間。你自己在網路上搜尋一下吧……」

A屬下：「……是，好的。不好意思打擾了。」

C屬下：「副理。用Word寫工作日誌很浪費時間，乾脆趁這個機會換個方式，您覺得如何呢？因為只要有人打開檔案，其他人就無法編輯，等待的時間太浪費了。要是改成各自發信向您報告的話，您讀起來也很清楚……」

副理：「什麼，不行！按照原本的方式就好。……你有時間想這種事，還不如趕快去工作！」

C屬下：「是（明明這才是最沒必要的工作啊）。」

過度「削減成本、時間」只會帶來不幸

恕我直言，「削減主義」無法造福任何人。只想著「削減」的組織會帶來什麼不幸呢？

請看下一頁的圖表。

☑ 百害無一利的削減主義

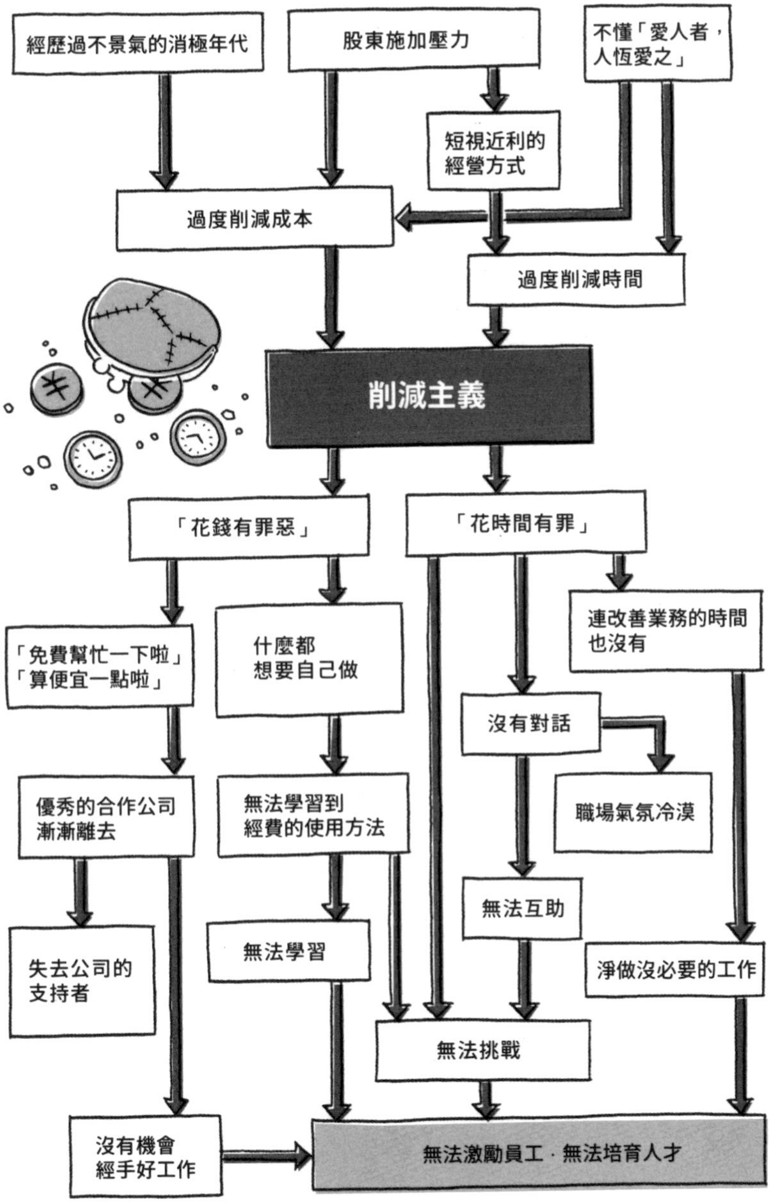
經歷過不景氣的消極年代
股東施加壓力
不懂「愛人者，人恆愛之」
短視近利的經營方式
過度削減成本
過度削減時間
削減主義
「花錢有罪惡」
「花時間有罪」
「免費幫忙一下啦」「算便宜一點啦」
什麼都想要自己做
連改善業務的時間也沒有
沒有對話
優秀的合作公司漸漸離去
無法學習到經費的使用方法
職場氣氛冷漠
無法互助
失去公司的支持者
無法學習
淨做沒必要的工作
無法挑戰
沒有機會經手好工作
無法激勵員工．無法培育人才

①過度削減成本

「每年總公司都一直念著要削減成本。削減似乎也變成了我的工作……」

主管苦笑說道。已經沒有可以削減的地方了，抹布都扭乾了還要扭到什麼地步!?因此，老闆在台上演講，屬下在桌子底下緊緊握拳。

「不給經費還要我們想辦法創新和挑戰？老闆只會講這種不負責任的話……開玩笑也要有個限度！」

②過度削減時間

公司整天都說要縮短工時，減少加班。這當然很重要，尤其日本的職場加起班來一向沒有分寸。但是，減過頭的話就會變成：

- **沒有對話**

•完全不知道彼此在做些什麼
•無法互助
•職場氣氛冷漠

只要發生上述症狀，團隊中有誰感到困擾時，卻沒有人會伸出援手，甚至連同事在煩惱什麼都不知道。說不定那人的問題只要問一下隔壁前輩就可以順利解決，卻總是一個人暗自煩惱。

某某同事在做些什麼、擅長什麼，抱持什麼想法？

連這些都不知道的話，就不可能接受新的挑戰。真實情況可能是ABC三人都想要推動某項新技術，或是他們都覺得某個環節沒有存在的必要，希望可以改善並簡化整個工作流程。但是三人卻只能在心中懷抱著困惑、挫折的情緒；明明知道做了也沒意義，卻還是得持續做下去。

唉，真是浪費時間！

變本加厲的削減主義，為什麼會發生？

有三個背景因素導致公司越來越熱中東削一點、西減一點。

①經歷過不景氣的失落年代

十幾二十年來，日本企業對於削減成本簡直不遺餘力。當然，這種情況有著不得已的原因，主要歸咎於一九九〇年初期日本泡沫經濟崩盤，以及二〇〇八年席捲全世界的金融風暴。只是，所謂「失落的十年」或「失落的二十年」，代價非常大。

- **不知從何時開始，企業的價值觀變成「花錢等於罪惡」**
- **削減成本的目標已變質**
- **完全不為自身成長做投資**

這樣的企業非常多。明明就已經脫離不景氣的時代了，卻還是捨不得花錢，所以什麼事都要自家員工承擔下來自己做。這樣不論是對屬下或組織來說都非常不幸。

②股東施加壓力

再來是股東的存在，動輒就對公司施壓，希望能削減成本。經營者不得已只能要求底下的人砍成本。

但是請思考一下。公司被這種只追求眼前利益的惡質股東耍得團團轉會幸福嗎？員工會幸福嗎？

③不懂「愛人者，人恆愛之」

說到底，公司只把員工或合作公司視為「成本」，所以才會毫不留情地削減人事費用，也吝於花錢改善職場環境或加強員工教育。請試想一下，不被疼愛的小孩會珍惜父母嗎？經營者不願花錢栽培的員工、不捨得花錢合作的公司或人員，會想要投桃報李、感恩回饋嗎？

生產力的兩大誤解

日本的組織常被說生產力過低。因此順應著勞動制度改革的潮流，許多組織也開始推廣提升產能。究竟「高產能」是什麼樣的狀態呢？本書透過以下方式來說明生產力。

生產力＝產出（output）÷投入（input）

※投入＝原料、資訊、設備投資額（資本支出）、工作時間、經費等，也就是所謂的資源（人力、設備、資金、技術）

※產出＝產能、業績等成果

以文字來說明上述公式就是，最小的投入若能帶來最大的產出，就是最高的產能。但是，這裡也衍生出了兩個誤解。

☑ 生產力的說明公式

誤解1 想盡辦法減少投入就對了

以削減成本為由，想盡辦法減少投入，盡其所能地想砍到零成本的境界。不投資必要的設備，不提供員工適當的教育課程，不外包，不接觸公司外面的世界，也不會收集資訊。甚至連研發時間、投資未來的時間，或員工閒聊的時間也全都砍了。

為了產出，投入是必要的。對著整天關在公司、只有通勤時才能接觸到外面世界的人們說：「給我提出新商品的靈感！」又能期待他們會有多好的發想呢？

- **聽演講**
- **閱讀書籍或雜誌**
- **外出感受外界最新流行趨勢**
- **請專家來公司演講**

類似這樣吸收資訊的方式必不可少。

另外，讓員工有時間閒聊，也是不可或缺的投入，他們可以藉此獲得新靈感或找到解決方法。Google的Gmail似乎就是工程師「閒聊」出來的產物。

誤解2 產出和投入一定會同時發生

「明明導入新工具了，卻還是沒有改善」

「學習了那個，對於現在的工作會有什麼幫助？」

「彙整工作流程？就算這樣也無法減少加班吧……」

人是追求「即時」的生物，總是希望投入後就能馬上產出。你是否也有以下的經驗？

「看書學到的問題整理法。一開始沒什麼感覺，持續三個月之後開始有成效了！」

「去年在讀書會上獲得的知識，現在派上用場了。」

「多虧三個月前重整過工作流程，這次新進員工的新人教育非常順利，也降低了培訓成本！」

「五年前的業務改善專案，雖然成效不是很好，但是當時學到的改革手法和觀點，對現在的工作相當有幫助。」

「這麼說來，類似這件客戶諮詢的回覆方式，當時好像有人寫在群組對話裡……找到了！用這個來改一下就行了。」

「我兩年前在外面的研修會上認識了B公司的經理，他的確說過有在做ＩＯT的研究，我去找他商量看看！」

投入的當下可能毫無用處。但是日後卻可能在意想不到的時機幫上大忙。你會陸續感受到當時投入所帶來的成效，就像小學強迫大家做的晨間操，長大後才會發現對身體痠痛而言是非常有效的伸展運動。這世上有很多事情都是事後才會感受到效果。

投入和產出絕對不會同時發生。可能一年後才會有產出，也有可能是五年、甚至是十年後（說不定永遠也不會發生也不一定）。只追求眼前的產出，一味削減眼前的成本，任誰都辦得到。

「眼光要放遠，為未來的產出而投資。」

想做到這點，需要有品德的組織，也需要有度量的主管。這樣的組織才能招募到有心的優秀人才。

因為大環境不景氣而產出減少的時期，不得已只好降低成本，減少投入，這也許是非常正確的作法。但是倘若因此將投入減到零的話，組織就無法運作。再者，什麼都以削減成本為前提的話，不僅員工無法獲得成長的機會，組織也無法進步。無法進步的組織，就無法找到優秀的人才。因此有經費可以使用的時候，就儘管用吧。同時也盡量撥出投入的時間。各位上數學課時都學過，分母為0的除法是算不出來結果的。用最大的投入帶來最大的產出——擁有這種想法，才能讓工作的人和組織都獲得幸福。

公司的錢盡量用！小氣的組織無法栽培新人，招募不到優秀人才

基本上，「企業要花錢才會成長」這種說法一點也不為過。就算你學了再多節流妙招或提升效率的技巧，也無法抓住商機，更別提改革創新了。此外，現代萬事萬物都追求速度，用錢買時間的觀念越來越重要。現在不是讓你玩如何削減成本的遊戲，搞得大家精疲力盡的時候了。

況且重點在於，公司一味省錢，只會讓員工永遠不知道如何妥善使用公司的經費，甚至也沒想過要付費購買外部資源。這就意味著公司教育不出懂得資源管理的員工。不會善用外部的資源，不僅無法做好工作、無法嘗試新挑戰，屬下和組織也無法成長。

不用我說大家也都知道，這個世界已經快速發展為複雜化的時代。ＩＯＴ物聯網、ＡＩ人工智慧、機器人、多角化經營等技術或管理趨勢，公司發展想要完全靠自己，也有所謂的極限。能力不如人的話，速度上就會落後對手。只想靠自己的幹勁和耐力來解決問題，當你一路跌跌撞撞又想加緊腳步的同時，已經輸給其他競爭公司、新興企業一大截了。

類似外包經驗，和自由工作者共事的經驗，這樣的共同合作已經漸漸成為現今社會的主流，應該趁早學習如何正確運用公司經費來善加利用外部資源。

當公司只想著削減成本時，還會招來其他不幸。

- **無法反抗老闆下令削減成本的壓力，試圖想要合作公司免費幫忙做事**
- **任何工作都採取標案的方式，試圖讓業者互相競爭**
- **單方面要求重新議價或殺價**
- **莫名其妙的理論加上沒有速度感的決策**

如大家所知，全球已經進入少子與高齡化的時代，合作公司一樣會因為人手不足而傷腦筋，也必須推動勞動制度改革。所以沒有時間和賺到幾個錢的對象慢慢耗，也沒有時間等待遲遲不下決定的對象，更沒有義務配合根本不知道會不會下訂單的專案。

「敝公司不接需要投標的客戶。」

「敝公司拒絕和利潤太低的客戶續約。」

最近有不少中小企業轉換成這種堅定的經營方針。不這樣做的話，公司既留不住優秀人才，也很難長久經營下去。越愛砍價的公司，優秀的合作夥伴就會離你而去；這代表你的公司也會失去優良的忠實客戶。

認清事實，「沒有人會為削減成本的公司積極工作」

「削減成本」、「削減人事費」、「削減出差費」。

有多少人會為這幾個詞感到興奮呢？恐怕只有經營者和短視近利的股東，外加採購部門而已吧？啊，說不定連採購部門也意氣消沉也不一定呢。他們心想：「又在說一些根本達不到的削減成本目標」、「比起東砍西砍，先努力提升業績吧」。

沒有人會在拚命降低成本的情況下積極工作。當公司連工作需要的專業書籍也不願意花錢買，出差費用報銷也斤斤計較，你覺得員工還會努力工作來回報公司嗎？削減成本理應是組織在情況艱困之時，為了生存而不得不使用的手段。當然，沒有人叫你「隨意浪費」，但是節省和削減是不一樣的事。

「因為是公司出錢就好好利用，盡情嘗試一些有趣、全新的挑戰吧！」

這種想法正確無誤。不但可以形成勇於挑戰的風氣，員工和組織也會進步。在公司外部使用經費的話，無形中可以增加公司的支持者，還能活絡經濟（增加公司外部的支持者，也是主管今後將面臨的工作！）。

「不浪費當然很重要，但是基本上公司要有支出才會壯大。」

「在追求速度的時代，用錢買時間的觀念會越來越重要。」

三個動作，削減麻煩的工作

除此之外，還有一種削減可以激發屬下積極向上的動力，那就是削減麻煩或不擅長的工作。

- 為了做資料而做資料
- 繁雜的行政事務
- 花很多時間找空會議室，總是在做無謂的準備工作
- 處理傳真或郵寄手續
- 想專注重要工作時卻必須接電話
- 頻繁往來各辦公室之間
- 為了向主管回報而刻意返回公司的時間
- 在尖峰時間通勤

日常生活中我們認為「理所當然」的流程，其實暗藏了許多繁雜或不擅長的工作環節。執行的人明明心裡覺得「沒必要」、「煩死了」卻已習慣不說出口。趁著勞動制度改革的風潮說出來，藉機刪除這些苦差事吧。不論是誰都不會想做麻煩、不擅長的工作吧！此乃人之常情。那麼，該如何減少這類工作呢？

①和成員一起討論「想削減」、「想增加」的項目

第四站介紹過「想做的工作清單」、「不擅長的工作清單」、「喜歡的工作清單」和「擅長的工作清單」。請參考手上這份清單，團隊成員一起討論「想削減的項目」和「想增加的項目」。

十個人當中有六個人覺得「麻煩」、「不想做」的工作，刪掉會比較好，因為被迫做這些事的感覺會降低工作動力和生產力。而簡化流程之後，就有更多機會致力於員工擅長的領域。

「想增加的項目」舉例如下：

- **討論類似這些話題的時間**
- **嘗試新挑戰的時間**
- **增加喜歡的工作、擅長的工作的學習機會**
- **外出收集資訊的預算**

需要增加的部分，會隨著組織而有所不同。總之，先整個團隊一起討論。這是確保勞動制度改革方案不會走偏的第一步。

②確認沒有效率的工作環節→驗證→檢討→改善→驗證→檢討

「做這個工作的效率真差呀。」
「沒必要的環節太多了。」

當你有這種想法的時候，請遵循以下步驟：重新確認工作內容→改善→檢討。

比如說，主管（或屬下）覺得某項行政作業的紙張使用太過浪費，這時必須提出客觀數據來證明真的浪費。

先從請款和付款作業的實際狀況來驗證（＝確認）。

- **這個月總共發生幾次、花費多少時間、當中有多少次得重新來過？**
- **一共使用了多少紙張？**
- **一共浪費了多少等待蓋章的時間？**

像這樣決定好需要驗證的項目（＝確認）、在一定的時間內驗證完畢（＝驗證）。

然後大家一起討論驗證結果：「是否浪費？」、「有沒有必要改善？」這就等於大家共同決定是否要為組織的問題，達成解決問題的共識（＝檢討）。

若是覺得需要改善的話，還要討論確切的改善方法，並決定執行的期限（＝改善）。期限到了之後，再一起檢討成效（＝檢討）。

這樣的話，個人的困擾就可以昇華成公司共同的問題。員工也會感到安心，原來可以公然抱怨「麻煩」、「沒必要」的工作，並且能夠適當改善，也可以驗證成效，從中獲得改善過後的成就感和累積成功經驗。當大家養成「改善」的習慣之後，組織中自然而然就會形成「改善文化」。

③外包

想刪但刪不掉的繁雜事務，或是不擅長的工作，就可以考慮「外包」這個選項。

比如說，客服電話過多導致部門本來的工作停擺，這時不如委外設立客服窗口？由於外包對象是客服專家，想必做起來會非常積極愉快，而且最重要的是或許可以專業且一勞永逸地為你解決這個煩惱。所以不需要勉強自己，可以用錢解決的事就用錢解決吧。

「可以使用外面（公司外部）的資源喔！」

當屬下有困擾時，提供這個選項也是主管的工作。日本人太過認真，經常都只想靠自己或自家團隊資源、勉強去解決大小問題。

「原來可以利用外部資源嗎？」

短短一句話，就能讓屬下的心情輕鬆不少，看事情的角度也會不一樣，還可以累積資源管理的經驗。主管如果不告知部屬，恐怕部屬壓根都沒想到「委外」這個選項。

此外，聘請外部的專家來協助，對主管和員工來說都是一種學習。可以從專家那邊得到專業領域最新的趨勢和知識——而且是公司出錢，真是再好不過了！你的屬下或團隊的魅力也會隨之提升。積極聘請外部的專家，也是多樣化管理的重點之一喔。

反正是公司的錢，靈活並正確的使用！

過度削減成本，會讓員工對工作喪失熱忱，也會造成職場氣氛緊張。不論公司內外，都不會有人想效忠小氣的組織。這也意味著員工對公司沒有愛。公司該做的不是節省成本，而是控管成本。該支出的時候就支出，讓員工和公司一起健全地成長！對此請注意三個重點。

①有計畫地預留研究／挑戰／學習的時間

「若有充裕的時間，想來研究新的主題。」

「如果有經費的話就可以挑戰新的領域。」

「有機會的話，我想參加外部的研修課程。」

常常有主管會發出類似的牢騷，但請恕我直言，你永遠都不會有所謂充裕的時間，而經費則必須意志堅定地向公司爭取。「如果有機會的話」老是說這種散漫的話，機會永遠都不會到來。想得到的一切，都要靠意志力和計畫來達成。

- **在團隊的工作時間內，重新制訂出一定比例的時間作為研究之用（先決定好進行的時程或時間軸）。**
- **將研究預算／投入新挑戰的預算／學習的預算（包括研修費用、訂閱報紙書籍費用、參加演講的費用）都編入年度計畫中。**

請務必徹底執行。

總公司位於長野縣伊那市的伊那食品工業，是一間擁有四百五十八名員工（截至二〇一八年一月為止）的中小企業。這間公司有一項方針是「研發必須投入一成人才」，為此每年確實編列預算，持續培養研發人員。於是，伊那食品連續四十八季締造業績成長佳績，以地方優良企業聞名，備受注目。

儘管如此，但每個公司的狀況和文化各異，突然要編列一筆研究或學習的預算，或是預留足夠的時間恐怕都有困難。可以列舉類似下列明確的WHEN（何時）條件或IF（如果）條件，然後公告周知。

- **旺季結束後／這個企畫結束後，下一季一定要預留研究的時間。**
- **如果可以有效節省預算的話，其中的○%就運用在成員想參加的研修課程上**（比起只會嘴上喊著『削減成本』，這種作法更能激發成員的動力。因為節省下來的資金可以運用在自己身上）。

既然如此，乾脆白紙黑字寫在團隊的工作計畫表上，並在每週例行會議反覆布達也不錯。這麼一來，說不定團隊中就會有人主動提起：「繁忙的旺季終於要結束了！下週開始預留時間來做研究吧。」

②人事費用不可刪

「一般經費不能不省，但是人事費用絕對不可以砍。」

這種決策可以提高員工的向心力和積極度。

前面提到的伊那食品有一項經營方針是「人事費用不算進成本當中」。該公司創立以來，從來沒有裁過員，薪資和獎金也是每年增加，從來沒有減少過。

為了不幫員工加薪，就無法客觀考核屬下的績效表現。
為了削減人事費用，所以不准員工加班。
動不動就和派遣人員或外聘人員解約。
有能力的外聘人員也不能替他們加薪（甚至希望減薪）。

周邊的人看到主管做出這些舉動，一定會覺得不舒服。

「這間公司並不重視員工」

社員、派遣人員、外聘人員，乃至所有人，都會對你或組織感到不信任。

「人事費用不是成本。」

抱持這種想法的主管，才會有人願意跟隨，進而成為組織永續成長的動力。

③花錢改善／提升職場環境

職場環境（辦公室設備或是ＩＴ環境）足以左右員工的幹勁和產能。

「日光燈都壞了也沒人換，這樣是要人怎麼工作。」
「廁所永遠都要排隊。不得不忍著少去，而無法專心工作。」
「我是設計卻不給我兩台電腦螢幕，工作怎麼會有效率。」
「ＰＣ永遠不升級，速度有夠慢。不准我們加班的話，能不能先改進ＰＣ的性能呀。」
「公司沒有可以休息的空間，我都快窒息了。」
「個人的工作空間小到都碰到左右鄰居了。」

這些全都是針對職場環境不滿的真實心聲。被關在狹窄房間工作的人，會覺得自己被當成「作業員」而無心上班，工作表現自然也不好。公司沒有義務提供豪華設備，但是讓員工覺得「自己不被尊重」的工作環境請務必改善。

BUS

第六站

幹勁、耐力、短視近利主義

資源管理

運營管理

目的地

對上對下不傷人也不內傷，笑著當好主管

「祖先代代傳承的幹勁和耐力！」

只要有幹勁什麼都可以解決，一切靠耐力。
不用考慮接下來該怎麼辦，總之先對眼前的工作全力以赴。
反正有單就接，做不做得到之後再說。
你看，對方果然生氣了！沒關係，完全在我預想之中。我們公司的強項就是在最後關鍵時刻使出渾身解數。這次也是，靠大家的幹勁和耐力一起解決！
徹夜努力的汗水多麼美麗，正因為我們是一起努力過來的夥伴，才會有堅強的牽絆。

好了、卡！卡！卡！昭和時代的青春熱血連續劇就演到這裡為止！
大概只有某些經營者和身為主管的你會被這個故事感動。你的屬下恐怕是一邊努力，一邊暗地裡搜尋求職網站。
這部演了好久的長壽劇，也是時候該下檔了。
現在來解讀「幹勁、耐力、短視近利主義」的發展沿革吧。

☑ 耗時多年造就出「工作就靠幹勁和耐力」的歷史

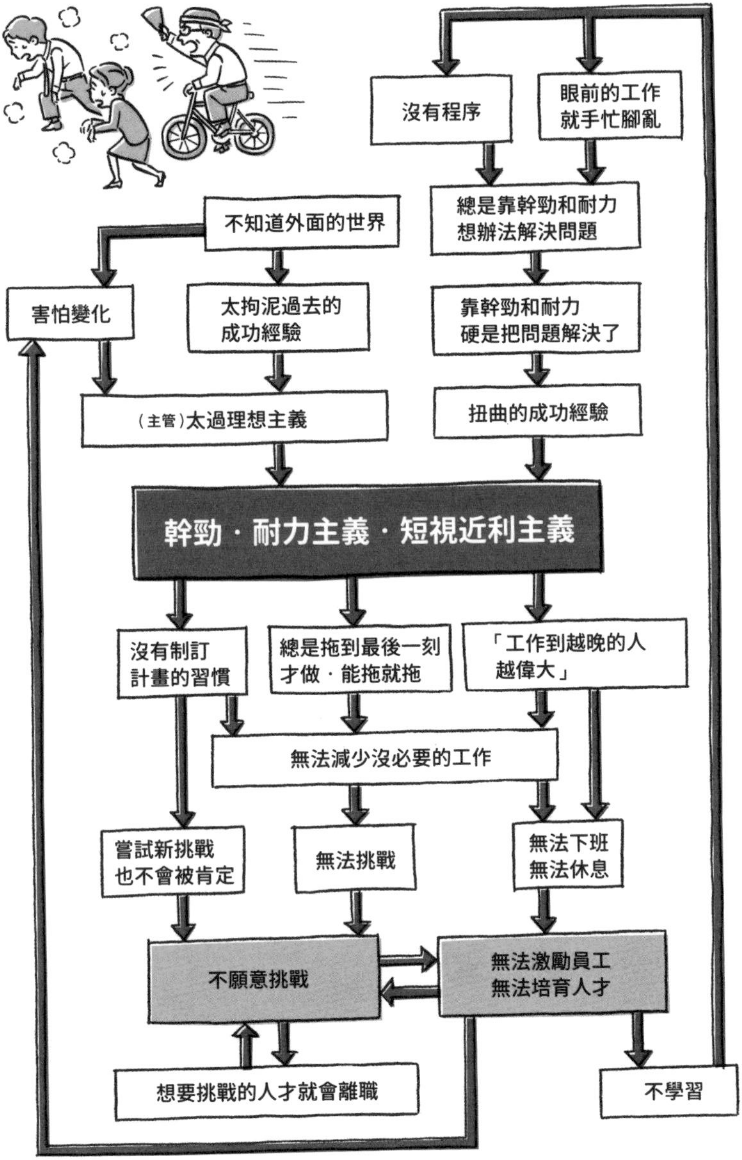

①不知道外面的世界

「公司的常識，世界的非常識。」

這句話最近時有所聞。公司和主管不知道世界的趨勢，也不願意傾聽年輕人或新進員工，以及外部人員的意見。因為不想了解外面的世界，所以主管只知道遵循一直以來的作法，也就是「幹勁、耐力、短視近利主義」。又或者，主管可能是故意摀住耳朵不想接受外來的資訊。會造成這種情況的原因可能是：

・害怕變化

・太拘泥過去的成功經驗

所以事到如今已不想改變——這不只會發生在經營管理階層或各級主管身上，較為資深的員工往往也有同樣的傾向。既不想嘗試新的挑戰又怕麻煩，就是如此消極的心態，造成保守的態度和行為。

活在過去的成功經驗。

一直以來都靠幹勁和耐力來解決所有問題。

最近這招行不通，一定是員工不夠努力的關係。

主管單方面地做出這種結論，於是又開始對部屬精神訓話，或是安排部屬去上加強培養毅力的研修課程。結果，經營管理階層和主管（或資深員工）日復一日地重複著滿口理想的長篇大論。

②沒有程序

根本就沒有工作程序可言。每個人的工作方式五花八門，全靠個人的技能和意志力在應付。工作屬人主義加上先解決再說的工作方式，員工當然無法休息，也無法早點下班回家。甚至連行政事務、定期會議這種例行工作都沒有固定的流程，可說一直都在浪費時間。這時如果有突發案件或緊急客訴就慘了，還真的只能靠幹勁和耐力來解決。

③光眼前的工作就分身乏術

員工光處理被交代的工作就忙得不可開交。

深夜加班、假日上班都是常態。而且公司員工也不懂得拒絕。

根本沒有辦法撥出時間來思考改善的方法。

不論工作內容再怎麼不合理，公司都要員工靠幹勁和耐力去解決，認為這才是美德，以及員工存在的意義。

因此要求竭盡所能去戰鬥。

更糟糕的是，靠幹勁和耐力硬是把問題解決（暫且不管有沒有違反勞動基準法），反而會造就了這種價值觀扭曲的組織成功的案例，創下新的歷史！就這樣，「幹勁、耐力、短視近利主義」的組織文化益發根深蒂固。真是令人搖頭。

堅持「幹勁與耐力才是王道」的文化，只會帶來悲慘的未來

下列情況一再重複的話，員工永遠都無法養成提早計畫、預先安排的工作習慣。

無法針對緊急事件或客訴未雨綢繆。

無法判斷什麼工作應該接受，什麼工作應該拒絕。

對方（上司、客戶或是其他部屬）要求的交期只能接受，不容拒絕。

就算曾經處理過類似突發事件，再次發生還是都得從零開始摸索。

永遠都只能靠著手上僅有的資源，在緊迫的時程下執行工作。

完全沒有時間去思考預防問題再次發生的策略與必要措施。

總之，先解決眼前的問題。對策以後再說吧……

因為不知道何時會天外飛來問題，也不知何時又會殺出什麼緊急事件或客訴，所以前線員工必須隨時做好萬全準備。然而……

「越晚下班的人越偉大。」

不管你手上有沒有工作都沒關係。總之，最重要的是所有人團結一致留在公司。

由於日本人稟性太過認真，只要人待在公司，就會找事做來證明自己的存在感。於是產生了許多沒必要的工作。又或者是，其實有效率的話，十分鐘就可以解決的工作，會故意花一個小時來完成，拖到加班為止！

由於員工淨是在做這些事，所以才無法嘗試新的挑戰，也無暇思考改善的對策。反正，做得再好也不會獲得認同，公司根本沒有認真在培育人才。為什麼？因為公司沒有餘裕去想這些需要長遠發展的事，一直忙著處理眼前沒必要的工作。無暇學習成長，所以永遠無法好好掌控手上的工作。也由於沒有工作程序，所以光處理眼前的工作就分身乏術。結果又回到起點了！於是，稍微有心解決問題的人或是有工作熱忱的人，遲早都磨光耐心而離職。

總之，來盤點主管的工作內容！

英文的「Playing Manager」一詞在日本職場上特指「員工兼管理者」（英文原意是「選手兼教練」），這種主管既要在站在第一線處理實務工作（如選手上場比賽），同時也要擔任管理職（如教練負責訓練監督）的工作。然而，這種身分只會讓你脫離不了「幹勁、耐力主義」以及「短視近利主義」。

我敢斷言，員工和管理者的身分不確實區分清楚的話，一切都無法改善。你的組織將永遠無法進步。

話雖如此，人手始終不足，工作卻越來越多。要主管放棄選手身分，只專心當教練，哪有那麼美好的事。不過即使無法讓主管專職教練也沒關係，就算是兼任，在職場上仍然可以適當地區分教練和球員兩種角色。

那該怎麼做呢？

總而言之，先把身為管理職的職責逐一條列出來（詳參第二站）。除了第一線員工的身分，你也必須掌握管理的工作，務必預留執行的時間。

或者，你也能將主管一部分的工作下放給屬下或外包出去。沒有人說管理的工作一定只能由主管來做。「沒有人管理」才是最大的問題。

製作技能圖，重新檢討！

再次重溫第四站。掌握管理工作的同時，也要製作團隊成員的技能圖並定期更新。這樣就可以有計畫的培育人才。

「眼前的工作，每次都是靠著幹勁和耐力，憑感覺來解決的。」這樣持續下去，個人和組織永遠都無法進步。必須有計畫地選定負責人，讓他在工作之餘也能學到技能和知識，而且是專心面對工作本身——如此才可以確實提升效率。更重要的是，有過一次經驗的工作可以整理成工作方法或流程，轉化為組織的知識資產，以利日後仿效操作，而個人和組織也都能從中成長。

基本工作、臨時插隊的工作要分類，恰當分配工作量

「什麼是『基本工作』，什麼又是『臨時插件』呢？」

出乎意料地竟有許多組織不清楚這點，都是憑感覺來工作。上面丟過來的工作都照單全收，視為自己的職責範圍。但也因為無論任何事都拚盡全力使命必達，所以沒有做好工作分類。之後才驚覺自己一直花時間在處理臨時插件的工作，原本該做的工作卻往後延宕。

一開始，先把現在團隊中所有的工作項目寫在白板上。什麼是「基本工作」，什麼又是「臨時插件」，請逐一分門別類。屆時你將會發現，原來插隊的工作竟然有那麼多。

再來，請計算各個工作處理的時間。不需要用到碼表準確計時，只要計算「大概花了多少小時」就可以了，藉此還能算出「在基本工作上花費多少時間」以及「被臨時插件耽擱了多少時間」。

「我們組織，竟然都在做這些臨時插隊的工作呀？」

若能發現這點，就是有心解決問題的第一步。

什麼，你連分類工作的時間都沒有？倘若真是如此，請至少養成習慣，將你手上的工作分類成「基本工作」或「臨時插件」。怕忘記的話，可以在辦公室顯眼的地方大大標明「現在的工作是『基本工作』還是『臨時插件』？」一行字，隨時提醒自己，貼在你的電腦螢幕旁邊也可以。甚至你也可以刻意大聲告訴大家：「我收到一件臨時插隊的工作了！」只要你能分辨什麼是「臨時插件」，就容易對現狀懷有問題意識，或是生產力提升意識。回顧一天的工作時，或許你會驚覺：「慘了，今天一整天只做了臨時插隊的工作……」這種警覺非常重要！

花時間處理臨時插件，每個月還加班到深夜。

公司所有人都認為留到越晚，越能證明自己很努力工作，這已是種集團的共識。

這樣的職場真的沒問題嗎？

養成制訂計畫的好習慣

「計畫不會從天而降，必須自己去制訂。」

計畫要留有餘裕。

包括盤點手上的工作、改善工作效率的時間，都要排進行程表當中。

若不刻意這麼做的話，你永遠都不會知道該如何計畫。只靠幹勁和耐力橫衝直撞的組織其實非常脆弱，因為永遠都只靠野性般的直覺在解決問題。

首先，試著自己畫出工作行程表，用Excel製作也行。

哪個月要做什麼？

在第幾周之前，要做完什麼？

然後，成員們互相確認有沒有「遺漏什麼」，還有沒有「餘力」做些什麼，一起讓工作行程表更為完整。如果不知道行程表要怎麼做的話，可以參考網路上的範本。

或者，你也可以請教資訊系統部門的人員。他們應該會教你如何利用「工作分解結構」（Work Breakdown Structure，簡稱WBS）、「甘特圖」（Gantt chart）來安排計畫。活用坊間許多好用的know-how和樣版、範本（template），你可以更快地學會怎麼制訂計畫。

多關心外面的世界

如果變成井底之蛙的話，就不會注意到這個世界流行哪些趨勢和技術，也無從判斷自己的作法是否太過保守，或是根本行不通。

- **參加讀書會或演講**
- **邀請外部講師**
- **聘請外部顧問**
- **讀書自修**

年度工作計畫表中也要安排接觸外界的機會。這點交給年輕員工去計畫或許不錯，可以藉此培養他們計畫的能力，讓他們對工作更積極。只是，這些都涵蓋在員工的工作績效（給予評價）內，公司也請務必撥出經費。

錄取和過去不同背景的人才

長年只和相同技術或是背景的成員一起工作的話，就很難發現「不合理」、「沒必要」或「不正常」的問題，也很難激發出新點子。

- **錄取有工作經驗的人才**
- **錄取外國籍員工**
- **錄取女性員工**
- **錄取殘障人士**

這樣的話，你就會發現一直以來認為的「理所當然」，其實並不是「理所當然」。不過，下面兩點請務必執行。

- **請接受這些人的意見**
- **提供良好的職場環境，讓這些人可以自在的工作**

如果錄取之後，還設法用你既有的常識去同化他們，組織的文化永遠都無法改變。

• 在後勤部門（如總公司的行政單位）安排一名電腦工程師

這個方法也有助於改善工作效率。電腦工程師擅長從科學角度來看事物，會將工作分解成數個步驟，並指出其中沒必要的部分。工程師會彙整並標註有疑惑的地方，思考在技術面上可以如何解決，並實際操作驗證。我聽說有家公司的後勤部門多虧有一名電腦工程師指出並改正錯誤，因而大大提升了工作效率。我甚至覺得，公家機關或自治團體一直無法改善工作效率，就是因為他們缺乏有工程師背景的員工（或者人數不足）。

只不過若要順利進行改善，下面幾件事也不能忽略。

①主管要理解工程師的想法與價值觀
②主管應妥善規畫工程師的職涯發展
③不能孤立工程師（這點非常重要）

有心的主管，在工程師回到技術部門後的升遷計畫也會列入考慮。

- **不只錄取一名工程師，而是錄取兩名（不讓工程師在團體中落單）**
- **主管自己也要學習技術，並加以理解（但請勿提供半調子的意見）**
- **鼓勵他們參加技術相關的讀書會或考取證照（不要當井底之蛙）**

這樣的考量會激發新人的動力，並且能自然而然產生歸屬感。

試著分類成員的特性

團隊中成員們的特性是否各有差異？

人們對於工作的處理方法，可以分成兩種：

①對於眼前的工作就如反射神經般可以當場解決的「瞬間反應型」

②將狀況全盤考量過後，井然有序進行工作的「腳踏實地型」

另外，擅長的工作類型也可以分成兩種：

③開創新市場或新服務的「創作型」

④擅長處理行政事務、諮詢回覆等常規工作的「執行型」

你的成員擅長左頁象限圖的哪一個區域呢？請試著分類。

堅持「幹勁、耐力、短視近利主義」的組織，大都沒有第①類，只有第②類的人才。

因此組織很難進步或改善，必須透過錄取③、④類的人才，或是栽培員工，培養③、④類的能力。

☑ 四大類工作類型與工作方法

	創作型工作	執行型工作
瞬間反應型	1  擅長迅速開創新市場或新服務。但缺乏續航力，容易受挫。	2  擅長迅速解決日常工作中發生的問題。但是，無法思考如何防止問題再次發生。
腳踏實地型	3  井然有序地開創新市場或新服務，並確實完成。	4  規畫並（重新）安排日常工作，穩定地執行。

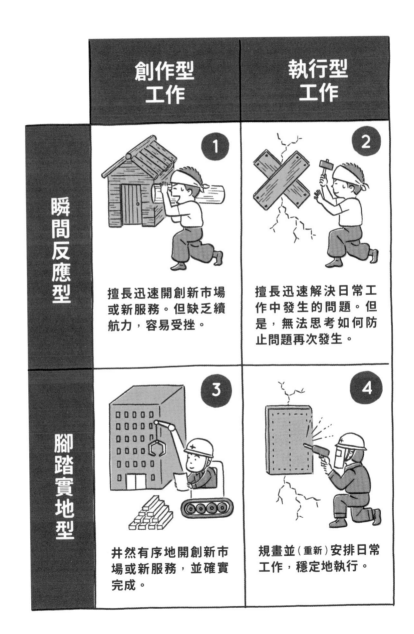

明確指示改善的方向

只會大喊「削減沒必要的工作！」、「擺脫幹勁、耐力主義吧！」並無法找出可以真正改善所處職場的方法。因為你並不知道該提出什麼樣的意見，也不知道何謂「沒必要的工作」。每天光是忙於眼前的工作就分身乏術了，連思考的時間都沒有。

最好的例子是「勞動制度改革」。政府或是經營管理階層動作頻頻，但是好像抓不太到方向，也不知道該怎麼做才對。就是因為「勞動制度改革」這種模擬兩可的說法，才讓第一線工作人員無所適從，只覺得政府或經營管理階層高舉這面大旗，強行逼迫員工有所作為。

在這裡，主管請先消化「勞動制度改革」這個高深詞彙（big word）。然後明確指出團隊的目標，也就是該努力的方向。

「減少開會次數。」
「改善諮詢電話過多的問題。」
「推廣無紙化作業。」

像這樣簡潔明瞭的表達方式，就可以讓成員腦中浮現具體的畫面，提升工作效率。

找出問題↓驗證↓檢討↓改善↓檢討

「這是我們團隊的問題。」

當你有這樣的想法時，請找出問題、進行驗證、加以改善、再檢討效果。就算只是你個人的疑慮，或是單純發牢騷也沒關係。總之先找出一個問題，然後照著上述過程實際進行一次。這會幫助你打好基礎，進而正視組織裡的問題，建立起改善的習慣。

假設你覺得「沒必要的會議太多了」。這可能只是你個人的感受、疑慮，或只是單純想發牢騷。因此你應該做到「量化」，根據實際開會的情況，來決定需要驗證的項目，並實際計算出數據。

【驗證項目範例】

• 會議次數

- 製作資料的時間
- 預訂空會議室的時間
- 當天的準備時間
- 會議時間
- 寫會議紀錄的時間
- 資料的張數
- 有討論出結論的會議次數
- 參加人數

也要決定好驗證時間。假設是一個月好了，而驗證的結果則可以簡單記在便條紙上。一個月之後，將驗證結果分享給團隊，並一起檢討。如果這時大家覺得「這的確是需要改善的問題！」再一起討論改善的方法。十個人當中有六個人覺得有問題的話，應該就是需要解決的問題。這個過程可以將個人心中的疑慮變成組織共同的問題。

再來是討論改善方法，並實際執行。但是，不可以決定後就置之不裡。一定要設下最後期限，然後全體一起檢討成效。

當這些舉動變成習慣，不久之後，職場中「不合理」、「沒必要」、「不正常」的現象就很容易一一浮上檯面，「改善」就會成為組織的文化。因為組織中已有「意見箱」的制度，員工知道自己的提案會被接受。

在這個世界上，有些主管會因為屬下提出沒有數據或根據的問題而生氣。這樣的話，屬下就不敢發出警訊提醒：「這裡有問題。」或「我覺得需要改善。」這點請各位主管務必注意。就算不是經常性的問題，也要先接受對方的意見：「原來如此。那先來驗證看看吧。」問題無法獲得正視，才是組織中最大的問題！

太過執著於過去的成功經驗或過去因循的常規。

合理化沒必要的長時間工作。

因此奪走了屬下或其他成員學習和成長的機會。

在今後的時代，身為主管的你還有上述行為或想法就太不負責任了。過去因為有終身雇用，屬下和他們的家人可以獲得一輩子的保障，所有上述觀念或行為或許還沒話說。如今終身雇用的條件已漸漸消失，因此，請好好栽培部屬，讓他們成長。這是組織的品德，也是主管的度量。不能因為經營者或主管反覆無常、自私自利，就讓有「問題意識」、「成長意願」的屬下或成員喪失鬥志！

夾心餅乾主管的問題地圖

BUS

第七站

不願挑戰的職場文化

溝通管理　職涯管理　品牌管理

目的地
對上對下不傷人也不內傷，笑著當好主管

老闆大喊：「大家要勇於嘗試新挑戰啊！」
但卻沒有半個人有所行動！

老闆或經營團隊大聲疾呼「要挑戰！」、「要革新！」但員工卻沒人打算嘗試新挑戰，甚至也沒有意思想改善。

關於「挑戰」，在第三站談過「資訊共享」和「溝通」是造成主管停止思考的兩大關鍵字。若全都歸咎是組織風氣的問題，那就不用討論了，可以直接宣告束手無策，永遠不會有人嘗試新挑戰。那麼，到底要從哪裡開始下手呢？

六大因素，形成不願挑戰的職場風氣

高層搖旗吶喊，下面的人卻無動於衷。這種現象背後的因素也可說是錯綜複雜。

☑ 就算老闆這麼說，也不會有人嘗試新挑戰……

社長	副社長	董事
H320	H294	H423
M75	M154	M29
Lv:65	Lv:60	Lv:57

作戰計畫

來挑戰
新工作吧！

※H：生命值（HP）／M：魔法值（MP）
Lv：等級（LEVEL）

老闆高喊「勇於嘗試新挑戰」的咒語
卻沒半個人動起來！

☑ 阻礙挑戰的各種因素

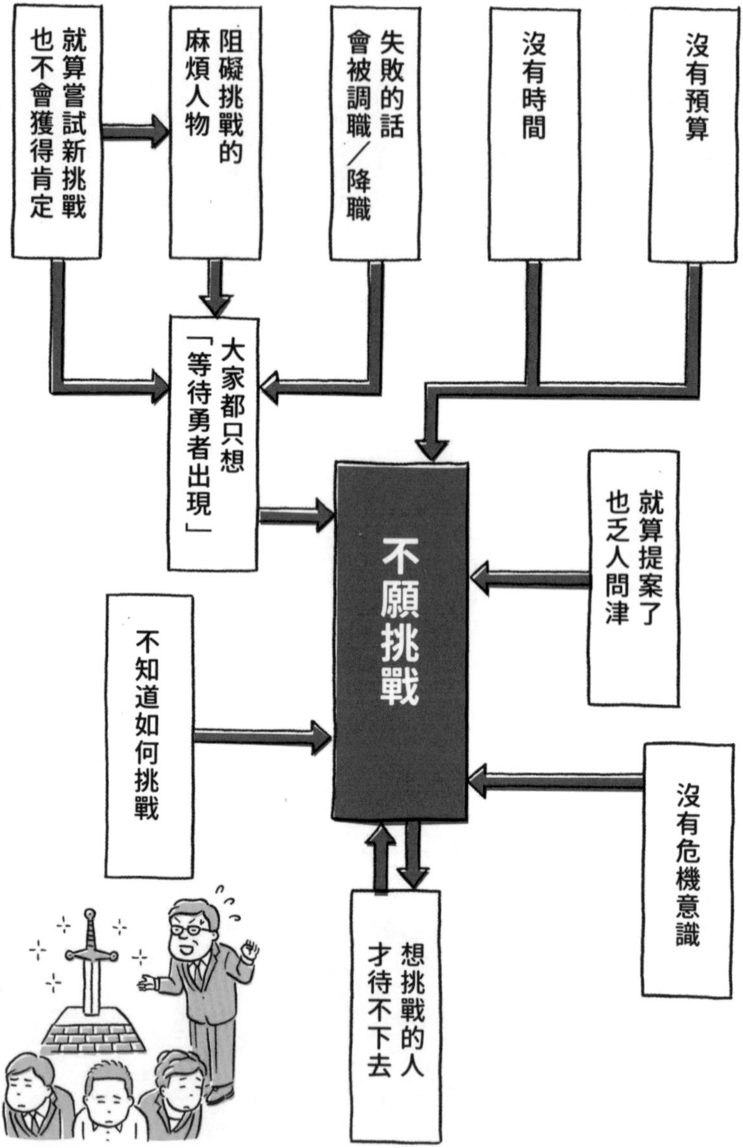
就算嘗試新挑戰也不會獲得肯定
阻礙挑戰的麻煩人物
失敗的話會被調職／降職
沒有時間
沒有預算
大家都只想「等待勇者出現」
不願挑戰
就算提案了也乏人問津
不知道如何挑戰
沒有危機意識
想挑戰的人才待不下去

①就算嘗試新挑戰也不會獲得肯定

就算接受新挑戰、提出改善工作的建議，非但完全不會獲得主管肯定，也不會被視為工作表現的一環，連一句稱讚也沒有。

不過即使這樣，或許還是會有人會出於自身的正義感和服務精神而想試試看。但是，到最後只會覺得自己這樣做很愚蠢，而不願意再付出努力了。或者以挑戰過後累積的經驗為籌碼，跳槽到別家公司。

②沒有挑戰的時間和預算

經營高層大喊「勇於嘗試新挑戰」，卻不允許員工在上班時間進行，也不撥出預算，而是要員工「靠你們自己的幹勁和耐力去完成」。換言之，付出努力的第一線員工什麼好處都得不到，只有經營高層坐享其成。

就算好不容易公司終於出現了一位富有挑戰精神的年輕人……

「唉呀，不要浪費時間做這種多餘的事。」

中階主管也會斷然阻止他繼續挑戰。於是這名樂於挑戰的年輕人也會漸漸失去鬥志。

③就算提案了也乏人問津

老闆大力提倡：「大家要勇於嘗試新挑戰！」

員工也提案「我想挑戰新工作！」

卻沒用！副理不當一回事！

經理在打瞌睡……

主任則逃走了！

這種場景在不願挑戰、不求改善、總是原地踏步的組織中經常可見。由於實在太愚蠢了，難怪第一線員工說什麼也不願意再次挑戰或是提出改善方案了。

然而看到這樣的員工，老闆又要嘆氣。

「我們家的員工真是安靜呢！怎麼都沒有人要做點新的挑戰，或是提出讓公司更好的建議！」

④不知道如何挑戰

「好，來挑戰新工作吧！」

經理和副理也難得有幹勁。分配好每個人的工作內容。但是，該從哪裡下手呢？沒有人知道該從哪個部分著手進行。

「我們公司，沒有人有挑戰的經驗！」

⑤沒有危機意識

「反正現在也沒遇到什麼問題。」

「沒必要特地去挑戰新工作……」

這個狀況經常發生在國內屹立不搖的企業巨頭或各地營運穩定的中小企業。就算不去外面拉生意，客戶也會自動上門。營收穩定，不用擔心招募不到新人，工作的目標也始終如一。希望這樣安穩的世界可以永遠堅若磐石地持續下去，祝各位永遠過著幸福快樂的日子……

⑥失敗的話會被調職／降職

最大的問題就在於此。如果挑戰失敗的話，恭喜！你馬上就可以獲得名為「調職／降職」的豪華禮物了！

二〇一七年，有某金融機構邀請我參加促進勞動制度改革的講座，和相關的管理職與負責人交換意見（但大都是我在聆聽他們的煩惱）。從他們口中聽到的這段話，讓我印象非常深刻。

「不會有人想挑戰的。因為我們公司的文化不允許失敗……」

大多金融機關的新進員工，的確都會先從分行開始做起來累積資歷，在分行養成了「一元都不可以算錯」的工作心態。在這樣環境下培育出來的員工，確實難以卸下心防去嘗試新挑戰，因為挑戰多半會帶來失敗。但是，公司並不允許失敗。他們已經看過太多因為失敗而被強制調職去鄉下小營業所或分公司的前車之鑑了。而看多了這種「殺雞儆猴」的人事異動，理所當然會選擇明哲保身。就算真有樂於挑戰的屬下，主管也會勸說：「拜託你安分一點。」強制結束比賽。

放任這種狀況不理的話會如何呢？想挑戰的人才會自己走人，因為「待在這裡無法挑戰新工作，也無法成長。」越有危機意識的人，越容易引發強烈的挫折感和焦慮的情緒，所以時候到了就會默默離開。

大家都只想「等待勇者出現」、「期待勇者拯救世界」

在這樣的環境還願意嘗試新挑戰、提出改善案的人，絕對是不簡單的勇者。於是，大家都在等待神奇的勇者出現。遺憾的是，不少職場因為「等待勇者出現」而不動腦也不動手，呈現坐以待斃的狀態。當上面的人大喊「勇於嘗試新挑戰！」下面的人想的是過不久應該就會有勇者挺身而出——但是，勇者始終沒有出現。即使偶爾真的出現了，也會因為前面①～⑥其中一項因素而受挫。一旦開了先例，就再也沒有勇者出現了。

工作改善提案也是同樣的道理。只靠一部分富有服務精神的員工，或是具有這方面資質與才能的員工，而且全都是他們個人單打獨鬥的狀態。也就是說，有不少組織能成功推動工作改善純屬偶然，憑的是運氣。

但是，只想等待勇者登場，或是期待願意主動解決問題、有資質又有才能的超人從天而降，工作上不會有新的挑戰，改善也無法長久持續下去。你需要的是有效的管理！

四個訣竅教你營造出挑戰的氣氛和理由

光是眼前的工作就忙到不可開交，無法挑戰新工作，也無法思考如何改善的組織，無法聚集有心的優秀人才。然後由於物以類聚，沒有優秀人才的組織，就無法招募到優秀人才。

什麼？你說「光靠中階主管的能力還不夠，這是人事部的工作。」就是因為你老是說這種話，你所在的職場才會一直無法改變。有很多組織都是靠著經理或副理等級的主管來營造出挑戰的風氣。人事部無法顧及各部門與各團隊內部具體的情況。若你只會原地踏步，等待更高層慢半拍的指令，到最後損失的還是你們自己。請以主管為中心，試著在自己的組織裡嘗試新的挑戰，甚至營造出「挑戰是好事」的風氣吧！為此請掌握以下四個訣竅。

①總之，先確保挑戰的領域

人是只能顧及眼前工作的生物。正因如此，請事先分配出時間，並決定好需要嘗試新挑戰、改善效率的工作範圍。

- **下定決心「撥出一成時間，挑戰和平常不一樣的工作」並徹底執行。**
- **決定好挑戰新工作的日期或時間，排入行程。一星期只安排一至二小時也沒關係。**
- **確定新挑戰／改善案的預算。**
- **選定負責人（包括執行人員、後勤人員，並視為工作績效。）**

有一家從來沒有挑戰風氣的長青企業（建築業）的某個部門，因為持續一年執行上述流程而成功營造挑戰風氣。在那個部門中，包括主管在內的所有成員都要參與某一項工作改善專案，每周最少會挪出三小時來檢討當前進度和執行內容。所有人都必須參加，這樣就不會出現「只有一部分特殊分子不知道在搞什麼花樣」的微詞或「等待勇者出現」的現象。同時也要安排好向單位主管和事務局（相當於台灣的總務部門或管理部門）定期報告與分享的機會，可以帶來適度的緊張感和成就感。如此一來就很有可能成功讓你的團隊產生勇於挑戰的精神。

②提供可以安心失敗的環境

如果公司文化不允許失敗的話，那請提供一個可以安心失敗的空間吧，可以試著以部門、科室、團隊為單位來執行。

- **嘗試用新的通訊工具來改善團隊溝通不良的問題**
- **挑戰在公司內部系統導入新的技術**
- **內部會議挑戰無紙化**

即使是小措施也沒關係。「我們來挑戰看看吧。」、「就算失敗也沒關係先做就對了！」決定好挑戰的範圍後就踏出第一步。當然，就算失敗了，負責人的評價也不會下降（反而還會上升）。正因是公司內其中一個單位或團隊，所以不會受到公司政治或整體氣氛所影響，可以毫無後顧之憂地執行。於是，從累積小型挑戰經驗開始，不久後也能營造出整體的挑戰風氣。首先從得到挑戰經驗開始吧！

③向外取經／借助外力

不知道挑戰的方法。
只靠你們自己的話想不出好點子。
只有內部的人很容易鬆懈，過一陣子就不了了之。

藉由這個機會，向外取經。

- **參加外部的演講**
- **聽聽外部專家的意見**
- **買書自修**
- **參加其他同業／不同業界的讀書會**

如此一來，既能擴展員工的視野，也可以帶動組織成長。

④不只成果，過程也要一併報告

你向經營者、董事們報告時，是否都只報告成果就結束了呢？如你所知，挑戰新工作或改革內部風氣不會馬上有成果。另外，內部風氣是抽象的，很難轉換成數字。所以請主動報告如下的進行過程。

- **員工的變化（舉例）會自動自發提出改善案，對話也增加了**
- **我們挑戰導入新技術了**
- **雖然還看不到成果，但是我們想先持續一年試試看**

只報告成果的話，容易變成只在意成果的組織，而且可能變本加厲為只追求眼前的成果，漸漸地演變成短視近利的管理方式。

如果覺得特地向經營者或董事報告會被拒絕（被討厭）的話，不妨嘗試下列方式。

・在內部刊物說明目前的進行狀況
・在公司內網分享資訊

將這些過程具體、清楚地呈現出來，一目瞭然，這也是只有在第一線工作的中階主管才做得到的工作。

「創先例」樂勝「成功案例」

特別是在沒有挑戰風氣的組織裡，創下先例遠比成功案例來得重要。有挑戰就會有失敗。所以，不要一下就以成功為目標比較好。如果失敗經驗會成為組織的「黑歷史」，那麼之後就再也沒有人想挑戰了。

因此倒不如先創下前所未有的先例。先決定要嘗試哪一種新挑戰，設為你們的目標吧。以下提出三個重點提醒。

①不要追求立即見效

挑戰或改善都不一定能馬上看到效果。這裡指的「效果」有兩種。

・數字上的效果
⬇業績、獲利、CS（Customer Satisfaction，即顧客滿意度）、提高知名度、業界排行、削減成本的金額、招募新人的成本、員工流動率等。

・組織文化上的效果
⬇主動表達意見的風氣、挑戰的風氣等

不論是哪種效果，都不一定能馬上做出成效。特別是組織的文化不是一朝一夕就可以改變。因為現在的文化可能是累積十年、二十年、甚至三十年的光陰逐漸形成的。

不要追求立即見效。先試著挑戰，並將挑戰設為最初的目標如何？

此外，「確認↓驗證↓檢討↓改善↓驗證↓檢討」的方法有助於觀察變化或效果（複習第五站學過的原則）。這個循環的過程可以讓你客觀地正視變化或問題點，進而積極地和大家討論。

②績效指標和管理指標要有彈性

雖然這麼說，一旦與組織有關的話，就必須追求一定程度的成果，或是選擇固定的管理指標。可以試著用以下的例子，讓績效指標、管理指標更具有彈性。

- **第一年將焦點放在挑戰的件數、投入的時間、進行的人數。**
- **第二年開始評估效果、檢討第一年的案件／做出取捨（繼續／不繼續）等，把重點放在提升活動品質上。**

假設在三年間，透過這種方式每年固定只評估「挑戰件數」的ＫＰＩ（關鍵績效指標）的話，每年都只會篩選出「簡單」、「安全」的案件，最終可能就會失去一開始的目的。所以請每年（或每隔一段時間）參照組織的成長或挑戰心態的成熟度來設定不同的指標。

③與公關部合作

為了表現出挑戰是值得嘉許的行為，也為了營造出大家都可以輕易挑戰的組織風氣，請務必與公關部門攜手合作。能夠成功塑造挑戰文化的公司，背後推手一定包括活躍的公關部門。

- **把公司內部的優良活動刊登在社內刊物**
- **在全公司的集會上，介紹／表揚挑戰中的企畫案**

透過內部公關活動，讓公司全體都有「挑戰是好事」的認知。如果公關部不克加入的話，也能透過各部門自己的部內刊物或部門內網來推廣。

可以的話，至少在下列四個時間點公告周知：

- **挑戰開始前**（社長致詞、處長宣示對這個活動的決心等）
- **挑戰開始時**（具體說明挑戰案件和負責成員）
- **中場進度報告**（案件透明化。不要變成「只有一部分的人不知道在忙什麼的工作」。讓所有員工都能理解和協助）
- **挑戰結束後**（分享成果和收穫）

若能提供社長或董事鼓勵的話會更好。這是推動挑戰最好的口號了（如何安排老闆或董事說出鼓勵的話也很重要）。

在內部刊物宣傳，或是在全公司的活動上受到矚目，這代表公司給予這份工作和人員最佳的肯定。也就是說，公司公開讚揚挑戰的人們，並給予正面的評價。

「真的可以在這家公司嘗試新挑戰耶！」

這樣的心情可以引出更多想挑戰的員工，反對的聲音也會不得不安靜一些。（公司內部的）公關活動也能在公司內部形成輿論，希望形成「挑戰是好事」這樣的主流輿論啊。

挑戰和改善是培養人才最佳的方式

我敢斷言，挑戰和改善是培育人才最佳的方法。人事部所企畫的新人訓練、溝通課程、邏輯思維課程、精進解決問題能力的課程、引導學（facilitation）課程或管理課程等，可能都無法在工作上立刻派上用場。這些課程共同的特徵是「單獨運作型」（stand-alone），也就是說，大都是在假想空間進行理論上的學習或模擬，和實際工作完全是兩碼子事。當然，學習理論或模擬體驗也很重要，但是「學這個到底對工作有什麼幫助？」卻完全沒有答案，簡單來說就是上了一堂讓大腦運動的課程，卻無法實際運用在工作上。

不論挑戰或改善，都是和職場有著密切關係的實際體驗。

- **挪出挑戰的時間**
- **管理企畫案**
- **學習新的知識或技術**
- **補充不足的資源**
- **正面迎擊反對的聲音**
- **從錯誤中學習**
- **檢討**
- **（不論成功／失敗）學到的事物都變成知識**

這些都無法在「單獨運作型」的課程中學到，只能在職場上親身體驗，所以才有此一說，職場上可以直接培育出活生生的人才。

如果在挑戰新工作時發現「引導能力不夠好！」的話，請一定要去參加相關課程。在沒必要的狀況下學習，和自己覺得需要時主動參加課程，學習的認真程度完全不一樣。這個時候不需要在意成功或失敗。重要的是「透過這次挑戰，你學到了什麼？」學到的經驗若能帶來下次的成功，就能成為你的資產。透過挑戰或改善獲得的技術、知識和經驗，一定能促使員工和組織成長。

「實在是撥不出時間來挑戰或改善呀！」有這樣困擾的組織，何不試著在人才培育計畫中（利用培育人才的時間或預算）進行挑戰或實施改善措施呢？

想在組織中營造出挑戰風氣，只靠領導人搖旗吶喊並不會有任何改變，也不可以只想靠一部分富有挑戰精神的員工為組織單打獨鬥。中階主管的行動是重要關鍵。

「挑戰是好事！」

「原來公司歡迎大家挑戰啊！」

想聽到員工這麼說，首先該怎麼做呢？請和你的團隊一起討論並執行。

實際嘗試新挑戰的人，能吸引其他樂於挑戰的人們，進而帶動整個組織的挑戰風氣。

結語

主管的工作是創造三力：能力、餘力和同心協力

「公司增加了不少新案子，業績也穩定成長中。請大家安心工作。」

在某企業的員工活動上，老闆帶著自信滿滿的笑容，對著員工們敘述光明的未來。然而台下的主管都在苦笑著，其中一位看準時機偷偷跟我咬耳朵：

「我的部門光上個月和上上個月，已經連續有三個人離職了⋯⋯」

這是多麼心酸的現實。不要覺得這是別人家的事，儘管景氣有越來越好的傾向，但是工作量增加、長時間加班、假日上班的情形卻越來越嚴重⋯⋯各種壓力造成員工私人的時間越來越少，或者沒有時間可以學習，結果導致員工離職。人手減少了，就必須用更少的人力去解決工作任務。每個人的負擔理所當然就會增加。然後，又會有人因此辭職不幹。這樣的惡性循環就發生在日本各式各樣的企業當中。最近有越來越多中小企業

因為人手不足，導致公司在賺錢的狀況下依然宣告倒閉。問題意識或成長意願越高的員工，面對無法改變的現實和未來，就更容易感到心灰意冷而求去。

「這樣的話，錄取和過去不一樣的人才不就好了！」

政府或經營者都這麼認為，於是打著多樣化之名，聘請了不同性別、國籍、年齡等各式各樣背景的人才。但是，管理方式卻和過去沒有兩樣，會將昭和時代企業的古老常識，或是組織既有的常識，強加在這些多樣化人才的身上。工作方式並沒有多樣化的選擇，人才眼見沒有一展長才的機會就離職了。這種無奈的「偽多樣化的遊戲」還要持續到什麼時候？

我們已經進入必須進化管理定義的過渡期。光靠過去的「幹勁、耐力」理論恐怕已無法解決問題。在現今複雜的時代，還在堅持「主管要一肩扛下所有管理工作」，根本無法生存。抱持這種過時觀念的主管才真的得靠「幹勁、耐力」理論才撐得下去吧。

「因為你是主管，當然要不超出預算，減少加班，激發員工的動力，讓各式各樣的人才都有發揮的機會。」

對於這種無理要求，我至今已經看過許許多多為此哭喪著臉、抱頭煩惱的主管了。主管的心理狀態也讓人擔心。這次執筆寫了這本書，就是希望能改變中階主管悲慘的狀況，也希望主管們能少嘆一點氣。

「現今時代需要的管理方式是什麼？」除了希望讀者更新這個重點之外，也提供了很多案例與建議，希望各位主管「不要再一個人暗自煩惱了」。

「不要一個人煩惱。」「不要想自己一個人解決。」

這正是現今管理需要的不是嗎？社會課題、上級長官的要求越來越複雜，只靠主管一個人來應付的話，就技術面、資源面來說，效果都有限。工作增加時要決定優先順序，為了簡化工作所以要拆解問題或改善工作方式，偶爾也要做出「放棄的判斷」。當工作越來越多時，可能會忙到無法處理。又或者當事者本人無法判斷時，就靠團隊合作的力量來解決。借用外部專家的力量也可以。你沒有必要一個人煩惱，正是為此才需要團隊的力量，也才需要有社會的存在。

讀完本書之後，請務必打開問題地圖和周遭的人一起討論。對方是同一個團隊的成員、上司都好，或是抱持同樣煩惱的主管夥伴也行。我所寫的「問題地圖」系列叢書是讓團隊一起面對問題的溝通工具。希望你不要一個人煩惱，而是打開地圖和大家討論如何將管理的工作分擔出去。我相信你的團隊、部屬、公司，甚至是整個業界，都能因此受益，加強向心力並提升價值。

在這個團隊工作、在這個部門工作、在這家公司或這個業界工作會如何？

在這邊好好努力的話，不久的將來有什麼在等著我呢？

請主管率先以身作則。沒有模範人物的組織，不會出現優秀的人才或協助者。

最後謹獻上一句我尊敬的客戶（某企業主管）常說的一句話，為本書畫下句點。

「主管的工作是培養團隊的能力，創造行有餘力和同心協力的工作環境。」

二〇一八年初夏　梅雨季中難得的放晴日　眺望原野谷水庫

澤渡海音

職場方舟 0ACA4011

放手交辦的主管真高竿!!!

對上對下不傷人也不內傷,笑著當好主管

マネージャーの問題地図

作者　澤渡海音
繪圖　白井匠
翻譯　游心薇
封面設計　楊廣榕
特約編輯　一起來合作/朴寶彤
行銷主任　許文薰
總編輯　林淑雯

出版者　方舟文化/遠足文化事業股份有限公司
發行　遠足文化事業股份有限公司
231 新北市新店區民權路108-2 號9 樓
電話:(02)2218-1417　傳真:(02)8667-1851
劃撥帳號:19504465　戶名:遠足文化事業股份有限公司
客服專線　0800-221-029　E-MAIL:service@bookrep.com.tw
網站　www.bookrep.com.tw
印製　通南彩印股份有限公司　電話:(02)2221-3532
法律顧問　華洋法律事務所 蘇文生律師

方舟文化官方網站
方舟文化讀者回函

定價 360 元
二版二刷 2024年2月

本書初版為方舟文化《夾心餅乾主管的問題地圖》

MANAGER NO MONDAI CHIZU ～DE, DOKOKARA KAERU? AREMO KOREMO DE, TENYAWANYA NA GENBA NO MANAGEMENT by Amane Sawatari

Original Japanese edition published by Gijutsu-Hyoron Co., Ltd., Tokyo

This Traditional Chinese edition published by arrangement with Gijutsu-Hyoron Co., Ltd., Tokyo in care of Tuttle-Mori Agency, Inc., Tokyo through LEE's Literary Agency, Taipei.

國家圖書館出版品預行編目(CIP)資料

放手交辦的主管真高竿！！
戒除自己來比快的壞習慣、對上對下不傷人也不內傷，笑著當好主管
/ 澤渡海音著 ; 游心薇翻譯 ; 白井匠繪圖. -- 二版. -- 新北市 : 方舟文化出版 : 遠足文化發行, 2021.12
面； 公分. -- (職場方舟)
譯自 : マネージャーの問題地図 : 「で、どこから変える?」あれもこれもで、てんやわんやな現場のマネジメント
ISBN 978-986-99313-9-7(平裝)

1.企業領導 2.組織管理 3.職場成功法

494.2 109016426